うんち学入門

生き物にとって「排泄物」とは何か

増田隆一　著

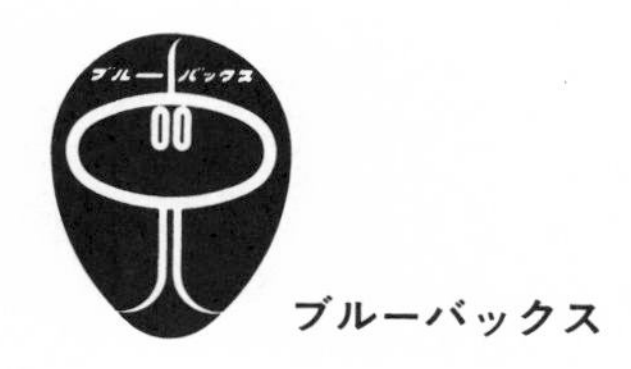

カバー装幀／芦澤泰偉・児崎雅淑
カバーイラスト／トヨクラタケル
カバーイラスト撮影／講談社写真部・林桂多
本文デザイン・図版制作／鈴木知哉・島村圭之・
斉藤聡子・鈴木麻奈美

はじめに

「うんち」とは何か?　「うんち」の役割とはどのようなものか?　――これが本書のメインテーマです。

「うんち」とは、みなさんよくご存じのように、私たち人間を含む、生き物の排泄物（はいせつぶつ）のことです。「うんち」をすること自体、生き物の宿命なので、ふだん、こんな疑問は思い浮かばないかもしれませんね。

一方、生き物におけるもう一つの宿命は、「食べる」ことです。私たちはいつも、「食べる」ことについて考えています。

たとえば、さっき朝食を食べたばかりなのに、通学中にはもう、「今日の給食メニューはなんだろう?」と楽しみにしている人も少なくないでしょう。通勤中の方なら、「今日の昼休みには、どこの食堂へ行こうか?」と考えることもあるかと思います。主婦の方は、今晩の夕飯の献立を思案されているかもしれません。

そして、私たち人類の飽（あ）くなき美食への追求は、歴史的にも地域的にも発展し、世界各地に独自の食文化とその多様性を展開しています。

日々の生活を考えるまでもなく、私たち生物にとって、「食べる」ことには多くの時間が費やされてきました。

生物の進化を考えても、からだの機能の変化にともなった食べ物の種類（食性）に多様性が見られます。草食性、肉食性、雑食性の動物がいますし、植物や単細胞生物の細菌でさえも、さまざまな食べ物（栄養素）を取り込んでいます。

「食べ物」は、生き物の生命活動（＝いのち）を維持するためのエネルギー源として摂取されます。

では、生き物から排泄される「うんち」は、どのようにつくられ、何をしているのでしょうか？　言い換えれば、私たち生物にとって、「うんち」とはなんなのでしょうか？

結論から言えば、「うんち」もまた、生き物の多様性とともに進化してきました。そして「うんち」は、現在の生き物の「いのち」と「いのち」をつなぐ架け橋となっています。「うんち」はさらに、「生き物」とそれを取り巻く「生態系」とをつなぐ架け橋にもなっています。「うんち」を知ることはすなわち、生き物のふしぎを知ることでもあります。

本書では、みなさんを楽しい「『うんち』を知る旅」にいざないたいと思います。

もくじ

はじめに　3
プロローグ　9

第1章　生物にとって「うんち」とは何か　11

1-1　なぜ「うんち」をするのか　12
1-2　いつから「うんち」をしはじめたのか
——「受動的なうんち」と「能動的なうんち」　26
1-3　「うんち」をしない生き物はいるのか　42
1-4　「うんち」はなぜ「臭い」のか　56

個体にとっての「うんち」——なぜ「する」のか

63

2-1 「うんち」は何からつくられる？ 64
2-2 「うんち」はどうつくられる？——そして「おしっこ」は？ 78
2-3 「うんち」は「どこで」「いつ」つくられる？ 90
2-4 個体にとって「うんち」の役割とは？ 103
2-5 何が「うんち」を進化させてきたか 110

第3章

集団にとっての「うんち」——果たして「役に立つ」のか

123

3-1 集団にとって「うんち」とは何か 124
3-2 集団にとって「能動的なうんち」とは？ 135
3-3 では、ヒトの「うんち」はどう使われている？ 143

他の生物にとっての「うんち」
——「うんち」を使った巧みな「生き残り」&「情報」戦略 149

4-1 動物は他種の「うんち」をどのように利用しているのか 150

4-2 植物は動物の「うんち」をどのように利用しているのか 163

4-3 ヒトは動物の「うんち」をどのように利用しているのか 170

第5章 環境にとっての「うんち」——地球規模で活躍する「うんち」 187

5-1 「うんち」から見た「からだの内外」 188
5-2 「うんち」は物質循環にどう関わっているか 191
5-3 環境にとって「うんち」はどう役立っているか 208
5-4 ヒトは「うんち」とどう向き合っていくか 218

おわりに 228
さくいん／参考文献 巻末

プロローグ

「坊や、行くあてはあるのかい？」

　生まれたばかりの幼い「うんち君」に、たまたま通りがかった旅人がこう訊ねました。この旅人はというと、すらりとした長身ですが、一風変わった広いつばのある緑褐色の帽子をかぶり、あごひげを蓄え、肩にはなにやら古くさいカバンを背負っています。

「汚物」としてこの世に生をうけ、しょんぼりしていたうんち君は、ちらりと旅人の顔を見上げましたが、すぐにまた顔を伏せてしまいました。行くあてなどあろうはずもないうんち君は、なかば吐き捨てるようにこう言いました。

「僕は汚いうんちなんだ。さっきも通りがかりの子どもたちに『臭い、汚い！』って笑われたばかりなんだ……。どうせ、野原でのたれ死にするだけだよ」

　旅人は、ふてくされているうんち君をしばらく見つめていましたが、やがてゆっくりしゃがみながら、励ますようにこう言いました。

「そうか。じゃあ、君がこの世の中でどれだけ役に立っているか、一緒に見にいく旅に出てみないか。君は、君をこの世に生み出してくれた『落とし主』にとっても、その落とし主が属する社会にとっても、――それどころか、この地球という惑星の環境全体にとっても、とても大切な役割を果たしているんだ。君はその『体臭』を気にしているようだけど、においにだってきちんと意味があるんだよ。信じられないって？　とにかくついてきてごらん」

「こんな僕に、いったいどんな役割があるっていうんだ……？」

うんち君は、いまだ半信半疑ながらも、旅人の言葉にしたがい、自身の謎を訪ねる旅に出ることにしました。

さあ、どんな旅になるのでしょうか？　みなさんもうんち君と一緒に、「うんち」の役割を考える旅に出ることにしましょう！

生物にとって「うんち」とは何か

1-1 なぜ「うんち」をするのか

初めて旅に出かけることになり、どこかワクワクした気持ちになってきたうんち君は、このふしぎな旅人にまずは自己紹介をしました。

「僕のことは『うんち君』とよんでください。あなたのお名前は？」

旅人は、帽子のつばの先に右手を添えながら答えました。「私の名前はミエルダ。よろしく」

「ミエルダ……!? なんだかカッコいい名前ですね」

互いに名乗りあった二人は、草原の中の小道を歩きだしました。すると、すぐさまうんち君の頭に、最初の疑問が浮かびました。「そもそも、僕を生んでくれた『落とし主』って、誰なんでしょう？」

ミエルダは歩きながら答えます。「君をはじめとして、『うんち』を生んでいる『落とし主』は、すべて生き物なんだ」

「生き物……って何？」

生き物とは？

ミエルダは少し上を向いて、晴れわたる空を眺めながらしばらく考えた後に、こう話しはじめました。

「いきなり素朴で難しい質問をしてきたね。生き物にはいろいろなものがいて、ひと言で説明するのはとても難しいんだ。どんな生き物でも、体の外から栄養分を取り入れ、それを使って生きるためのさまざまな活動をしている。その結果として、要らなくなったものが、『うんち』としてからだの外に排出されるんだよ」

「要らなくなったもの」という言葉が気になりつつも、うんち君は「ふ〜ん」とうなずきます。

ミエルダの話は続きます。「はるか昔、およそ46億年前に、宇宙の中でこの地球ができたんだ。もちろん、そのときにはまだ、生き物はいなかった。しかし、その後、地球上にあった分子とよばれる小さな物質は、稲妻や火山噴火などの力がエネルギーになって、互いに反応してつながり、大きくて複雑な分子に変化していったと考えられている。その後、今から約40億年から38億年前になって、すでに地球にあった水の中で最初の生き物の祖先が生まれたらしい」（図１‐１）

「最初の生き物……」

「といっても、それは何か、膜に囲まれた小さな袋のようなもので、その中にそれまでにできあがっていたいろいろな物質と水分が含まれていたと考えられている。そして、その膜の中で水に溶けている物質どうしがひんぱんに出合って反応し、さらに別の複雑な物質へと変化していっ

地質時代			時間 （単位：100万年、現在からの年数）	できごと
先カンブリア代			4600	地球の形成
				化学進化
				有機栄養
			3500	最古の生物の化石
				光合成
			1900	原核生物の出現
			1200	真核生物の確立
古生代			541	無脊椎動物の出現
	カンブリア紀			
			485	三葉虫類の繁栄
	オルドビス紀			
			443	植物の陸上進出
	シルル紀			
			419	魚類の時代
	デボン紀			
			359	両生類の出現
	石炭紀			
			299	大森林の出現
	ペルム（二畳）紀			
中生代			252	爬虫類の出現
	三畳紀			被子植物の出現
			201	
	ジュラ紀			鳥類・哺乳類の出現
			145	
	白亜紀			爬虫類の時代
新生代			66	単子葉植物の出現
	第三紀	暁新世		
			56	
		始新世		
			34	
		漸新世		哺乳類の時代
			23	
		中新世		
			5.3	
		鮮新世		
			2.58	ヒトへの進化
	第四紀	更新世		ヒトの時代
		完新世	現代	

図1－1　地球と生命の誕生（高畑・増田・北田（2019）『生物学 第10版』医学書院より、増田隆一：第８章「生命の進化と多様性」257ページ掲載の表8-1を転載・改変。古生代から現代までの時間は、「国際年代層序表2018年７月」による）

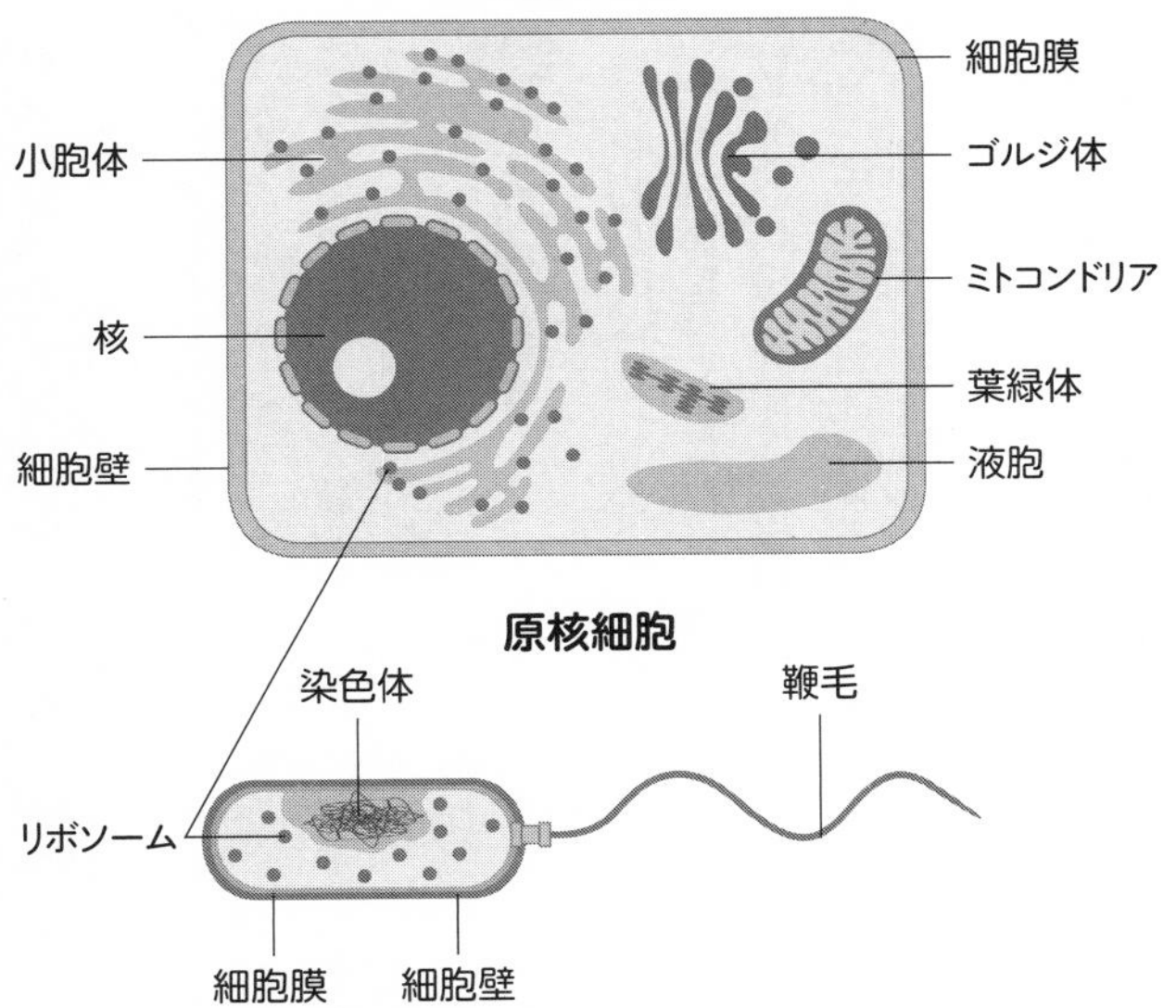

図1−2　生命の基本単位＝細胞　真核細胞は植物の場合。動物では細胞壁、葉緑体、明確な液胞が存在しない

た。その物質は、やがて生き物を構成する分子になっていくのだけれども、その中で、ある物質は自分と同じものをつくり出す**複製**という能力をもつようになったんだ」

「複製って？」

「いわばコピーする能力だね。それによって、膜で囲まれたその小さな環境そのものも分裂して、同じものが二つできるようになった。今でいう**細胞**のはじまりだ。この細胞が**生き物の基本的な単位**となる」（図１−２）

生き物を構成する細胞の中にはさまざまな**細胞小器官**があ

り、それぞれ独自の生命活動を分担しています。たとえば、「リボソーム」はタンパク質の合成を、「小胞体」はリボソームで合成されたタンパク質の運搬を、「ゴルジ体」はタンパク質がうまくはたらけるようにその修飾を担っています。

エネルギーをつくり出す「ミトコンドリア」や、光合成をおこなう「葉緑体」も細胞小器官です。この両者はもともと、親細胞に寄生した細菌が共生を続けるうちに、細胞小器官へと変化したものではないかとする「細胞進化の共生説」が提唱されています。

生命の3条件

ミエルダが続けます。「現代の生き物には、たくさんの細胞でからだができあがっているものがいて、**多細胞生物**とよばれている。しかし、今でも誕生直後の細胞のように、たった一個の細胞だけでりっぱに生きている**単細胞生物**も存在するんだ」

「ということは、地球上で細胞ができる前にいろいろな物質の変化があり、それらの物質が膜のようなもので囲われた環境ができて、それがさらに変化して細胞ができてきた、ということですね。だから、細胞は生き物の基本的な単位であるといえるんだね！」

「そのとおり。そして、そのように長い時間をかけた変化のことを**進化**とよんでいる。特に、細胞が形成される以前に物質レベルで起きた変化を**化学進化**、そして、細胞ができてからの進化を

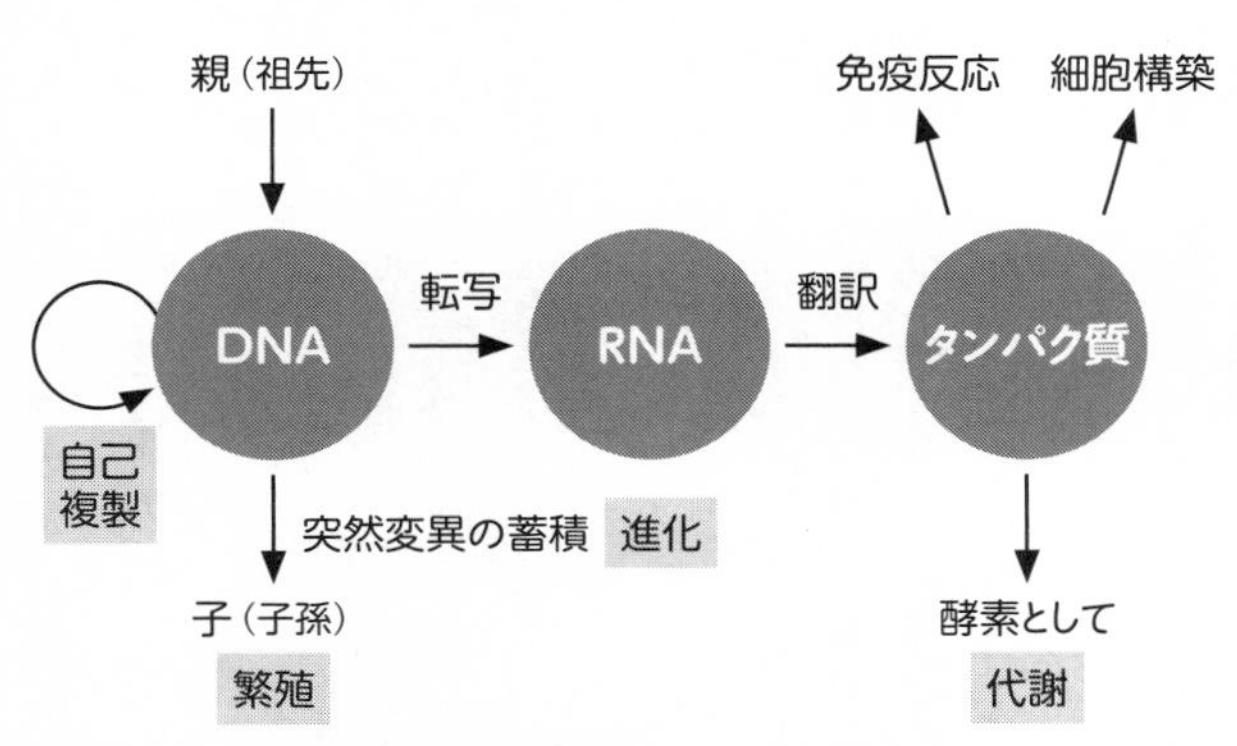

図1−3　分子から見た生命の条件　「自己複製（繁殖）」「代謝」「進化」——細胞はこの3条件を備えている

生命進化と区別することもある。あらゆる生き物は、このような過程を経てできあがったわけだけど、その生き物を**生命**とよび替えることもできる。そして、生命が生命であるためには、三つの条件があるんだ」（図1−3）

「生命の三つの条件って何なの？　『生き物』と『生き物ではないもの』との違いは何なの？」うんち君が、目を輝かせながらこう訊ねます。自らの「落とし主」について、もっと詳しく知りたくなってきたようです。ミエルダは立ち止まり、帽子のつばの先を持ちながら、うんち君を見つめました。

「一つめの条件は、自分自身と同じものをつくり出す**複製**をおこなうこと。これは先ほども出てきたね。細胞は時間をかけて分裂し、同じような二つの細胞になって増えていく。1個の細胞だけで生活している単細胞生物では、細胞分裂によって〈個体の数が増える〉ことになるわけだ。多細胞生物では、両親からの精子と卵という生殖細胞が受精して子どもが生まれることを**繁殖**というけれど、この繁殖によって〈自身の仲間の個体数が増える〉ことになる」

「複製するとき、細胞の中では何が起こっているの？」

「とてもいい質問だ。細胞の中には、複製する物質であるＤＮＡ（デオキシリボ核酸）があって、生命の設計図としての遺伝情報を担っている。**遺伝子**の本体とよばれている物質だ。細胞を複製するときには、このＤＮＡが事前に自己複製をして、細胞分裂に際して均等に分配されるんだ。したがって、一つの細胞が分裂して二つの細胞になっても、それぞれの細胞は分裂前の細胞と同じ量の遺伝子をもっていることになる」

「ダイナミックなことが起こっているんだね。二つめの条件は？」

「生命の条件の二つめは、細胞の中でいろいろな物質の反応が進んでいることなんだ。さっき化学進化について話をしたときに、〈小さな分子から大きくて複雑な分子に変化する〉ということを言ったよね。逆に、〈大きな分子が小さな分子に分解される〉反応もある。生物は、このような化学反応によって、生きていくうえで必要なものを合成したり、分解したりしているんだ。細胞の中で生じているさまざまな化学反応のことを**代謝**とよんでいる。代謝は、物質の流れだけではなく、エネルギーというものの流れについてもあてはまる現象なんだよ」

「地球が誕生してから細胞の祖先ができるまでに化学進化が起こったということだったけれど、細胞ができあがった後でも、その中ではいつも化学反応が起こっているんだ」

ミエルダはうなずきました。「そう、そしてこの代謝は、『うんち』の誕生に大きく関わっている。でもその前に、生命の３条件の最後の一つを確認しておこう。三つめの生命の条件は、**進化**だ。進化とは、親から子が生まれるという世代交代を何回も繰り返し、長い年月をかけて生き物が少しずつ変化していくことだ。現代に生きるいろいろな生き物を比較することで、進化の道筋がわかってくる。哺乳類の姿を見ても、ヒトとチンパンジーは互いに似ているし、ライオンとトラも互いに似ている。進化のうえで近い親戚関係にあれば、見た目も互いに似ているけれど、世代を経るにしたがってそれぞれが独立に変化し、徐々に違いが大きくなっていく」

「姿が似ている動物どうしは、進化の道筋で近いところにいるんだね」

「必ずしもそうとは限らないんだ。じつは、系統の違いが大きくなった後に、ふたたび姿が似てくることもある。たとえば、イルカとサメはそれぞれ、哺乳類と魚類というように系統的には大きく離れているけれども、両者は水中を遊泳する生活様式に適応することによって、互いにヒレが発達し、体形も流線形に変化したことで、外観がよく似ている。このように、系統的に離れていても、生活環境が似ていることで体の特徴が類似してくる現象を収斂（しゅうれん）進化、または収束進化とよんでいる」

生き物の基本的な単位は「細胞」です。そして、その細胞が営んでいる生命活動としての三つの条件とは、「自己複製（または繁殖）」「代謝」「進化」ということができます。私たちの毎日の生活や、周囲で観察される生命現象はいずれも、この三つのどれかに分類することができますね。

生命の3条件と「うんち」

うんち君に新たな疑問が生じたようです。

「生命の3条件のことはよくわかりました。じゃあ、生き物が生み出した僕のような『うんち』は、この三つの条件とどのように関係しているの？」

ミエルダが、右手であごひげを撫（な）でながらこう言いました。「いいところに気がついたね。今まで話してきた生命としての三つの条件はどれも、生き物が生きている証（あかし）なんだ。そして、うんち君は、じつはその三つの条件すべてに関わっているんだよ。なかでも**代謝**は、うんちと直接、関わっている」

「どんなふうに？」

「それを知るために、まずは代謝について、もっと詳しく見てみよう。たとえば、哺乳類の消化管は、口（口腔）から順に、食道、胃、小腸、大腸を経て、肛門へとつながっている。口から取り込んだ食べ物は、口腔内で歯と顎の力によって物理的にかみくだかれ、唾液腺から分泌される酵素と反応しながら、蠕動運動する食道を通って胃に運ばれるんだ。胃では、胃液に含まれる酵素や塩酸によって食物中の成分がさらに分解され、ドロドロになったものになる。これを食物粥とよぶことにしよう。ここまではいいね？」

「うん」

「次に、小腸へいく途中の十二指腸で、重要な消化器官である膵臓から、物質を細かくする消化反応を促進してくれる酵素が食物粥に分泌され、混合される。また、別の消化器官である肝臓での代謝物が集まった胆汁も、胆管を通して十二指腸へ分泌され、食物粥に含まれる成分の消化活動に参加している。そこで消化された小さな物質は、栄養素として小腸から吸収され、体内の血流に乗っていろいろな器官に運ばれて、種々の代謝に参加することになるんだ。そして、その代謝から得られたエネルギーを使って、生命活動がおこなわれている。生命の三条件の第一である自己複製もその一つだ。

　そして、消化・吸収しきれなかった食べ物の残りかす、消化管から分泌された種々の物質、腸壁から剝がれた細胞組織、腸に寄生している細菌や寄生虫等の微生物が大腸を通り、肛門から『うんち』となって排泄されるんだよ」（図１‐４）

　じっと話を聞いていたうんち君が、ここで口を開きました。「食べ物が口から入り、消化管を

図1－4　ヒトの消化管

通っていくときにさまざまな作用を受けて、ついには肛門から『うんち』が排泄される……。その途中で何度も出てきた酵素って何なの？」

「よい質問だね。**酵素**は、生命活動におけるたいへん重要なものなんだ。ひと言で言えば、酵素は〈体の中の代謝を管理している〉存在だ。酵素は、体内で生じる化学反応の速度を速くしたり、反対に遅くしたりするはたらきをもっている。化学反応において、酵素と結合する物質を基質、その結果できあがった物質を生成物という。酵素は基質にはたらきかけて生成物をつくり、かつ、そのできやすさを調節することができる。しかし、酵素自身の構造は変化しない。自らを変化させずに反応速度を変化させる物質の

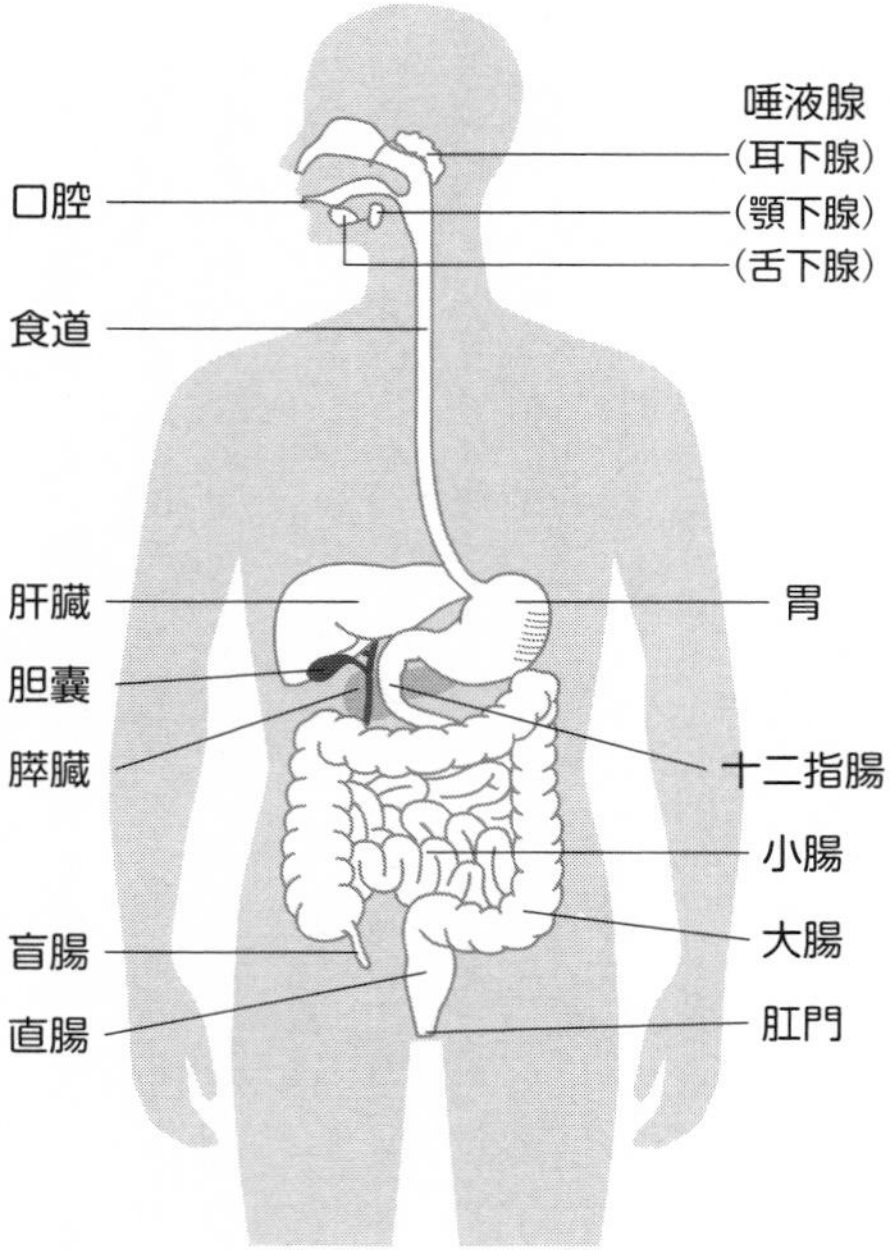

ことを一般に**触媒**というので、生き物の体内にある酵素は**生体触媒**とよばれることもある」

「酵素は何でできているの？」

「酵素の素材は、遺伝子の命令でつくられているタンパク質だ。酵素がはたらく反応にはさまざまなものがある。唾液腺から口腔内に分泌される唾液に含まれる酵素には、炭水化物を分解するアミラーゼがある。胃からは、タンパク質を分解する酵素であるペプシンが分泌される。膵臓からは、いろいろな酵素を含む膵液が分泌されていて、ここにもアミラーゼが含まれている。タンパク質を分解するはたらきをもつトリプシンやキモトリプシンもその構成員だ。さらに、脂肪を分解する酵素であるリパーゼも膵液に含まれている。このように食べ物を分解することを**消化**とよぶんだよ」

同化と異化——代謝の二つのかたち

「タンパク質、ペプシン、脂肪、リパーゼ……。またいろいろな物質名が出てきて少し混乱しそうだけれど、これだけはわかったよ。代謝にとって、酵素はなくてはならない存在なんだね」

「そのとおり。酵素は代謝に必要不可欠だ。どんな動物も必ず食べ物を食べる。その食べ物は、消化管の中で酵素の助けによって消化され、大きな分子は腸から吸収されやすいように小さい分子に分解され、栄養分として摂取されているんだ。このような生物のことを**従属栄養生物**とよん

	光合成	呼吸
生物	植物（独立栄養生物）	動物（従属栄養生物） 植物（光がないとき）
細胞小器官	葉緑体	ミトコンドリア
はたらき	同化 二酸化炭素、水、光により 有機物を合成する	異化 有機物、酸素、水により 二酸化炭素と水に分解する 得られたエネルギーはATP に蓄積される

図1－5　光合成と呼吸

でいる。あらゆる動物は、他の動物や植物を食べなければ生きていけない」

「他の動物や植物を食べなくても、生きていける生物もいるの？」

「いるよ。従属栄養生物に対して、**独立栄養生物**とよばれる生き物たちだ。文字どおり、自分だけで独立して生きていくことができる生物のことで、植物がこれにあたる。植物は、日中は空気中の二酸化炭素と根から吸い上げた水、それに太陽からの光を使って、植物の葉の細胞内でグルコースという有機物を合成している。**光合成**とよばれるはたらきだ」

「太陽の光を使って……、すごい作用だね」

「光合成は、代謝の面からみると、〈小さな物質を大きな一つの物質にしていく〉作用なので**同化**とよばれている。一方、従属栄養生物である動物は、有機物などの栄養素を食べて消化管で分解・吸収し、細胞の中でその有機物と酸素と水を使って**呼吸**をおこなっているんだ。呼吸を代謝の面からみると、光合成とは反対に〈複雑な物質を小さな異なる物質に変化させる〉作用だから**異化**とよばれている。じつは植物も、太陽の光のない夜間は呼吸をおこなっているんだ」（図1-5）

「独立栄養生物である植物がおこなう光合成は同化、従属栄養生物である動物がおこなう呼吸は異化……！」うんち君はミエルダの言葉を反復しながら、二つの作用の違いを理解しています。

「うんち」も進化してきた！

「呼吸も光合成も、その化学反応を通して**エネルギー**を得ている——ここが重要なポイントだ。つまり、『うんち』とは、〈従属栄養生物が生きていくためのエネルギーを得るために食べ物を食べ、その食べ物からエネルギーを取り出した後の産物〉ということもできる」

生物の体内で、食べ物から得られたエネルギーは、細胞内で「アデノシン三リン酸（ATP）」という物質の中の高エネルギーリン酸結合として蓄えられます。いったん、エネルギーがATPに蓄えられると、ATPは体のいろいろな器官や組織に運搬され、ATPに蓄積されたエネルギーをその器官や組織で特異的におこなわれているさまざまな化学反応に使うことができるのです。ATPは種々の化学反応に参加する物質として共通してはたらくので、「生命活動における貨幣」に喩（たと）えることができるでしょう。

「つまり、すべての動物が、食べ物に蓄えられているエネルギーをうまく使いながらあらゆる生命活動をおこなっていて、その生命活動の結果、すなわち生きている結果として『うんち』をするということですね。『うんち』のことを考えることは、まさに『生きているとはどういうことか?』を考えることにつながるんだ!」感慨深げにうんち君が言うと、「そのとおり!」とミエルダは両手を広げて大きくうなずきました。

「さらに、生き物が進化する過程で、食べ物にも多様性が生じ、それに合わせて消化器官の多様性も生まれ、ついには『うんち』にも、変化と多様性が生じてきたといえるんだ」

ここまで話を聞いてきて、最初はしょんぼりしていたうんち君の顔に、少しずつ明るさが表れてきました。「『うんち』も進化してきた……」こうつぶやいたうんち君はふたたび、ミエルダと一緒に草原の小道を歩きだしました。

1-2 いつから「うんち」をしはじめたのか
――「受動的なうんち」と「能動的なうんち」

「進化」という言葉に興味を抱いたうんち君に、新たな疑問が湧いてきました。

「生き物が進化する過程で、『うんち』はいつから生まれてきたんだろう?」

「それを考えるにはまず、はるかな長い時間をかけた生き物の進化を考える必要があるよ。進化の過程を考えながら、多様化した生き物をグループ分けすることを『分類』とよんでいる。地球

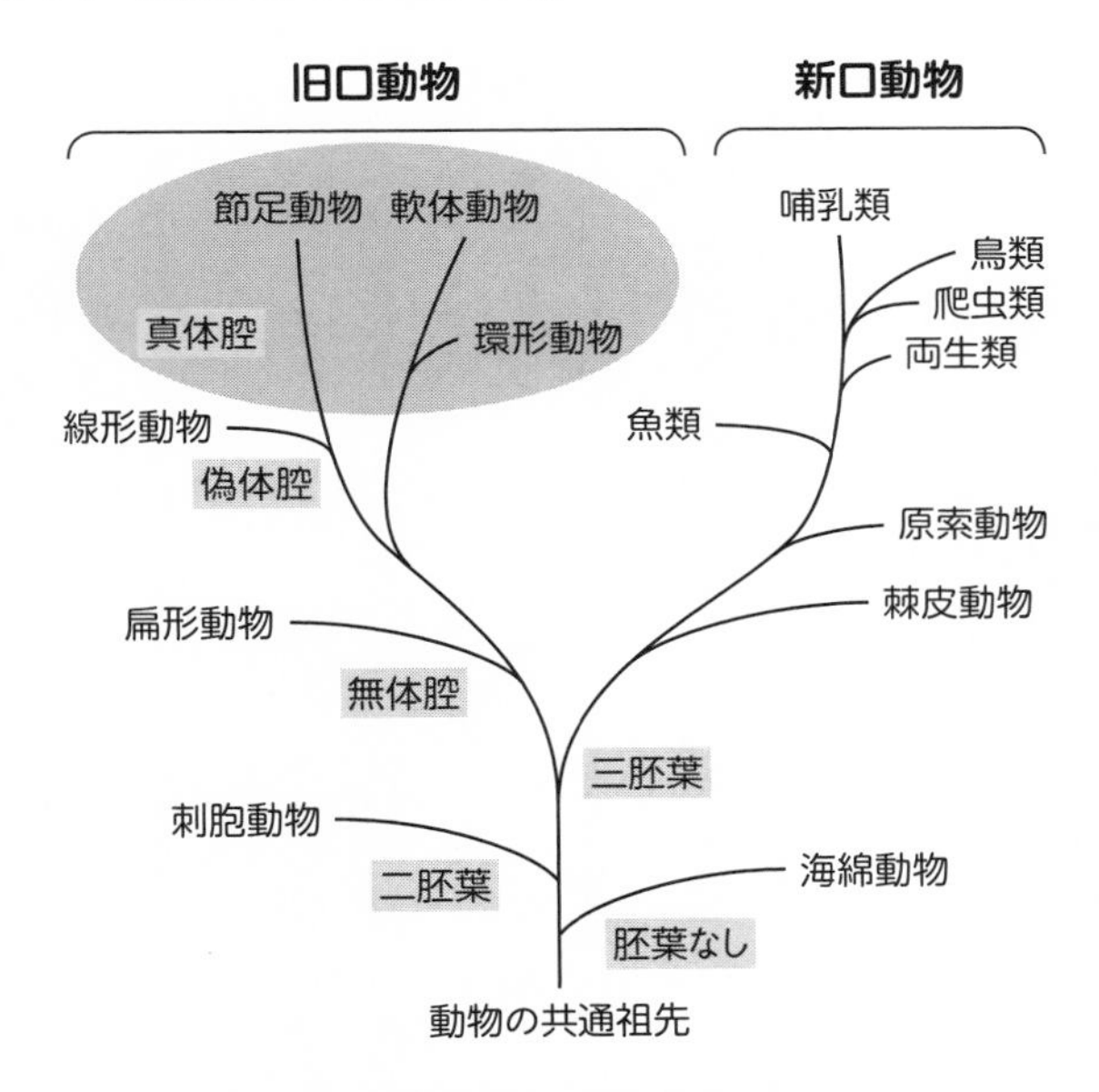

図1−6　動物の進化を示す系統樹

上の生き物を分類するにあたっては、いろいろな階層に分けられるんだよ」

生物の分類におけるいちばん初めの大きなくくりを「ドメイン」といいます。その下には順に、界、門、綱、目、科、属、種という分け方が並んでいます。分類体系の最上位であるドメインには三つあり、「真正細菌ドメイン」「古細菌ドメイン」「真核生物ドメイン」に分かれています。

この分類に私たちヒトをあてはめると、「真核生物ドメイン、動物界、脊索（せきさく）動物門、哺乳綱、霊長目、ヒト科、ヒト属、ヒト」となります。同じ哺乳類のライオンの分類は、ドメイン、界、門、綱まではヒトと同じで、その下は「食肉目、ネコ科、パンセラ属、ライオン」です。つまり、上位の分類ほど、たくさんの種が含まれています。分類したうえで、進化の道筋を示すのが「系統樹」です（図1‐6）。

ミエルダがうんち君に話しています。

「生き物はさらに、別の見方で区分けすることもできる。たとえば、先にも触れたように、生き物には1個の細胞で生活している単細胞生物と、たくさんの細胞からつくられている多細胞生物に分けることができる。単細胞生物も、もちろん生命の3条件を兼ね備えていて、細胞外の環境から細胞の中へと、細胞膜を通して直接、栄養素を取り入れている。そして、代謝をおこない、細胞自身にとって不要となった物質を細胞外へ排出しているんだよ」

単細胞生物も「うんち」をする⁉

「単細胞生物も『うんち』をしているんだ！　『うんち』はやっぱり、生き物だけがつくることができるものなんだね」うんち君の言葉に、ミエルダは即答しません。

「……ちょっと難しい質問だね。細胞そのものから排出される不要物は、目には見えないくらい小さなものなんだ」

細胞が、細胞内に小さなものを取り込むことを「エンドサイトーシス」、細胞の外にものを排出することを「エクソサイトーシス」と言います。エンドは「内へ」、エクソは「外へ」という意味で、サイトーシスは「細胞膜を通した輸送機能」を意味する言葉です。

「単細胞生物が排出する〈目には見えないくらい小さなもの〉を果たして『うんち』とよんでいいのか。うんち君自身のように明らかな『うんち』を生み出す生き物は、多細胞生物である動物に限られる。だから、確かな『うんち』は多細胞生物から排泄されるものと考えるべきだろう」

「『うんち』を生み出す……？」

「ああ。多細胞生物には、うんちを生み出すための器官、すなわち**消化管**が備わっているんだ。排泄されるものとしては、『うんち』の他に『尿』もある。尿のおもな成分は水分で、その中に窒素代謝物やミネラルなどが含まれている。尿はうんちと違って、消化管ではなく、腎臓でつくられて排泄される。腎臓は、消化管と並行して進化してきた臓器だ。ここから先では、『うんち』とあわせてときどき『尿』のことも考えていくけれど、まずは、多細胞でできている動物の消化管＝『うんち』の製造装置について考えてみよう」

口と肛門——「うんち」がつくられる「特殊環境」の誕生

「『うんち』をする動物の仲間には、どんなものがいるの？」

「地球上には『うんち』をするさまざまな動物がいて、すべて動物界に所属しているんだ。ほとんどの動物には、からだの構造に基本的な共通点があるんだけど、なんだかわかるかな?」ミエルダの問いかけにうんち君は考えていますが、なかなか答えが浮かびません。

「なんだろう?　ものを食べているのだから、口があること?」

「そのとおり。ほとんどの動物には口がある。では、口から入った食べ物はどこにいく?　ほとんどすべての動物に共通している基本構造は、円筒形をしているからだの中に1本の管が走っていることだ。その管の一方の穴が『口』で、動物はそこから食べ物を食べる。食べた物は、その管を通り、ついにはもう一方の穴、すなわち『肛門』とよばれる開口部から『うんち』として排泄される。この、からだを貫く1本の管こそ、先ほど言った**消化管**だ」

動物のからだは、体表にある「表皮」によって外部の環境から隔離され、守られています。しかし、実際には、消化管の二つの開口部が口と肛門として外界と接しているため、消化管の中は〈外部の環境とからだの中の環境とが混在している〉特殊な環境ということができます。この特殊な環境で、「うんち」がつくられているのです。

「口と消化管と肛門はセットになっているんだね。いつ頃、どのようにして、動物にこのセットができたの?」うんち君の疑問に、ミエルダはいつもの癖で、右手であごひげを撫でながら答えます。

「今からおよそ10億年前に、多細胞生物が進化したと考えられているんだ。先に話したように、

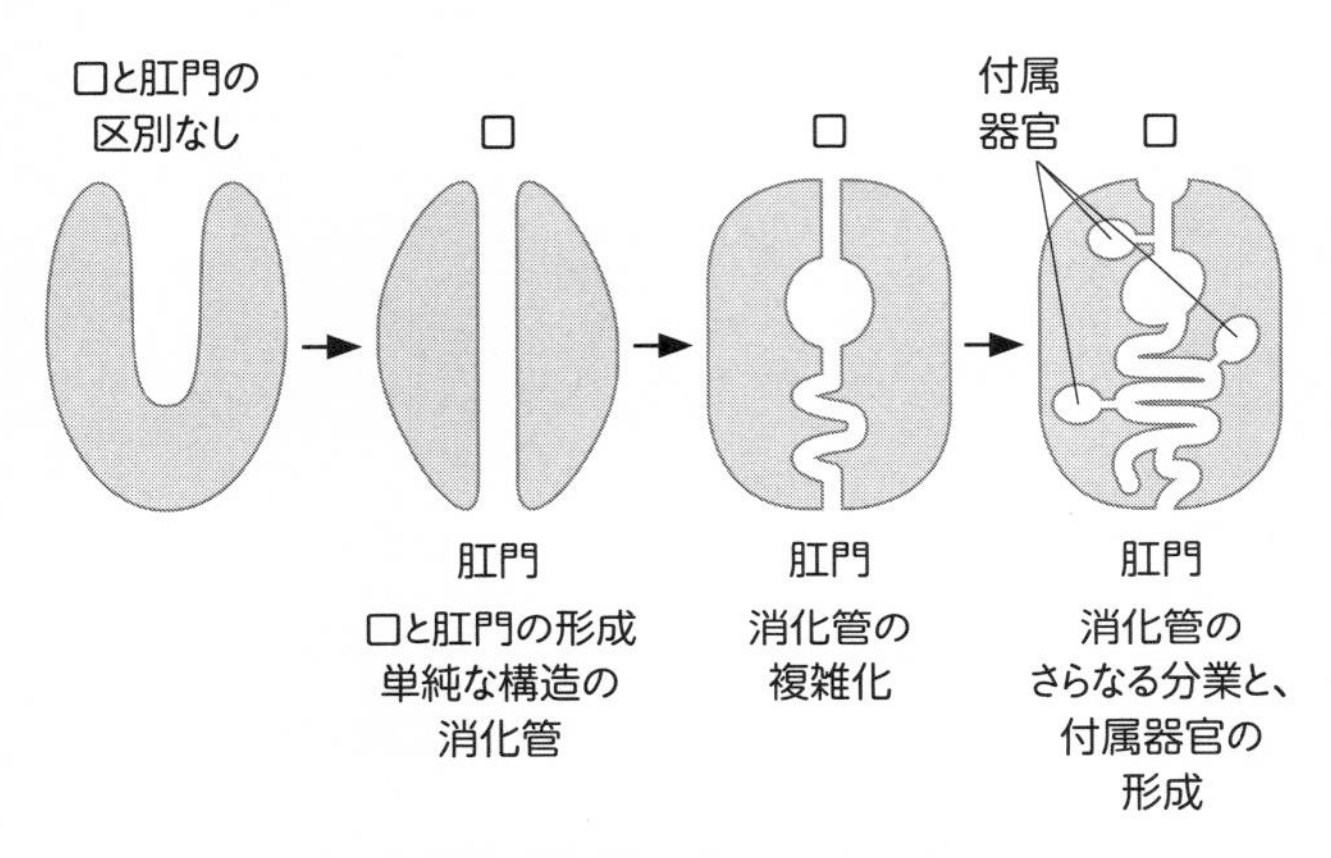

図1－7　単純な消化管から複雑な消化管への変化

地球ができたのは約46億年前だから、地球誕生から36億年後のことになる。多細胞生物では、細胞が集まることによって細胞どうしのコミュニケーションをおこない、細胞間での仕事の分担ができあがっていったと考えられている。そのようなプロセスを経て、多細胞生物はからだの構造を複雑化してきた。そして、からだの中にまずは簡単な管構造が形成され、徐々に複雑で多様な消化管へと変化していった」（図1－7）

「進化の過程で、消化管ができてきた……」うんち君は、自分が生み出される環境が長い時間をかけて進化してきたことに感銘を覚えているようです。

「受動的な排泄」をする生き物たち

「現代の多細胞生物にも、さまざまな消化管をもったものがいるんだ。最も単純な構造の消化管をもつ動物は『海綿動物』とよばれている。先に出てきた分類では、海綿動物門に属する生物だ。体内に、タンパク質のコラーゲンに似た海綿質の繊維をもっていて、その繊維は、ヒトの日用品のスポンジとして使われることもあるんだよ」

動物の最初の成長段階は、オス親の精子とメス親の卵が接合した受精卵が、細胞分裂を繰り返すことによって進行する**発生**です。発生では、受精卵が2細胞期、4細胞期、8細胞期……と細胞の塊となり、桑実胚期(そうじつはいき)の次に原腸胚期を迎えます。多くの動物の発生における原腸胚期には、

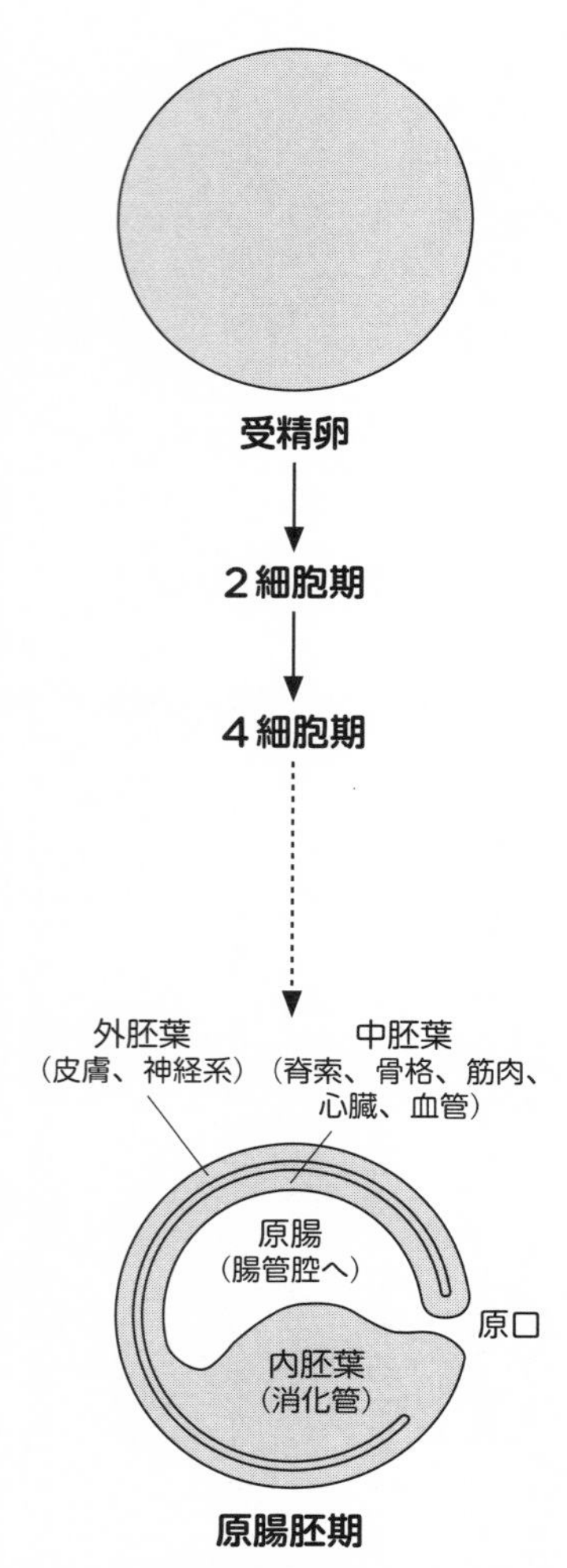

図1−8　受精卵から原腸胚期への発生過程（両生類の例）

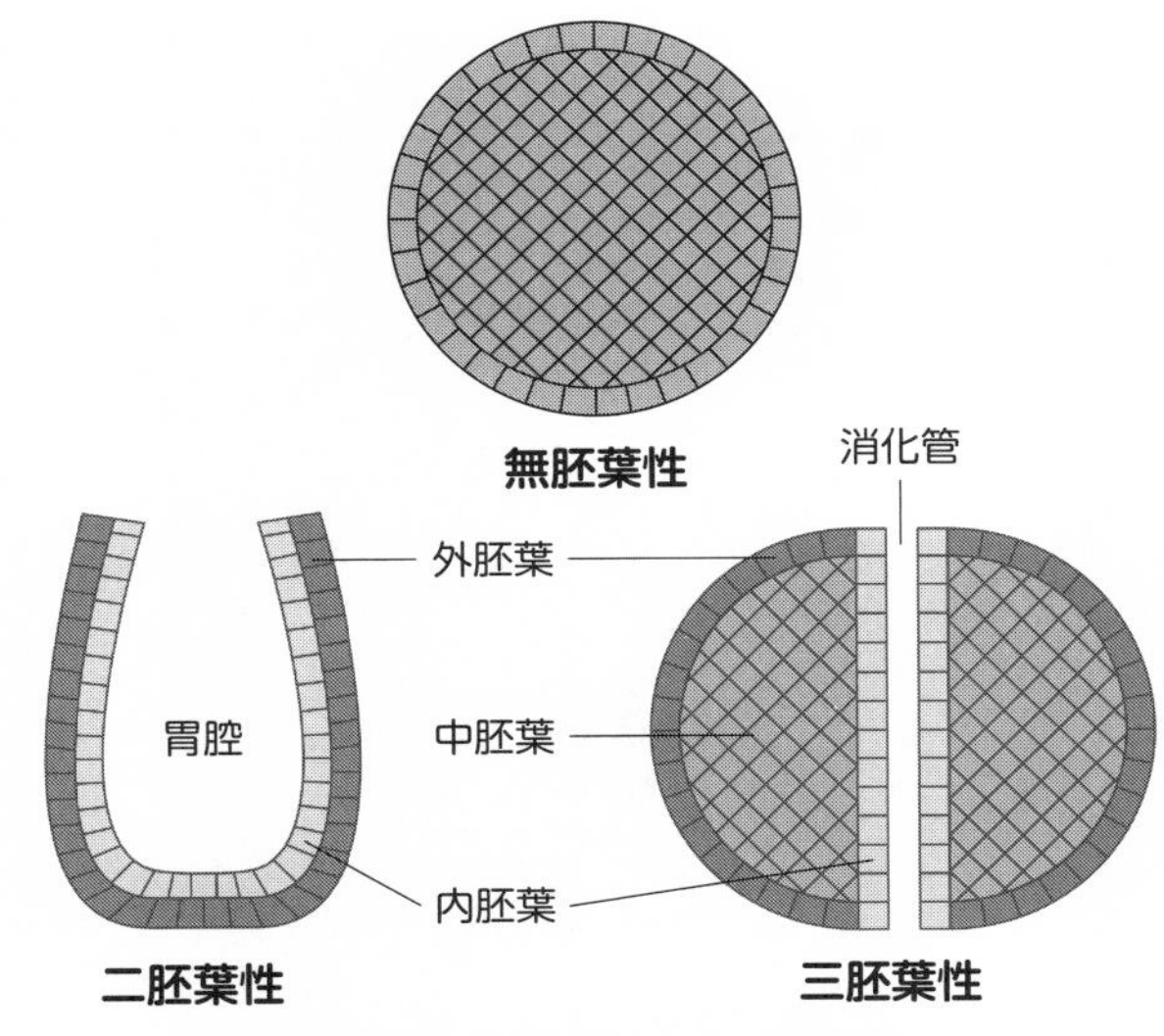

図1－9　無胚葉性、二胚葉性、三胚葉性の各動物

細胞の集まりである組織が外側、内側、その中間というように三つの細胞層（胚葉）に分かれ、それぞれ、外胚葉、内胚葉、中胚葉とよばれています（図１－８）。

動物のからだは基本的に、三つの胚葉から構成されていますが、海綿動物にはこの三つの組織の区別がなく、「無胚葉性動物」とよばれています（図１－９上）。海綿動物は、からだの表面に散在する小孔から海水と微生物を取り入れ、内部には空洞の「胃腔」を備えています。この胃腔の壁には襟細胞が並んでいて、胃腔に入ってきた海水に含まれている微生物を捕らえ、上部の大孔という開口部から水を放出します。このように、海綿動物は消化管を使いますが、水の流れに任せた「受動的な排泄」をしているともいえます。

「からだの構造が単純だと、『うんち』も単純で、そのでき方も『受動的』になってしまうんだね。もっと複雑な構造をした動物はいないの?」うんち君が新たな問いを発しました。

「もちろん、いるとも。もう少し複雑な動物は、外胚葉と内胚葉という二つの細胞組織の層をもつ『二胚葉性動物』だ(図1-9左下)。イソギンチャクやクラゲがその例で、刺胞動物門に分類される」

刺胞動物の体内にも「胃腔」があり、その空間の開口部は1ヵ所のみで、「口」とよばれています。小さな動物プランクトンなどの生きた食物が水とともに胃腔に入ってくると、胃腔の壁に分布する刺胞細胞から「刺胞」を発射し、その中にある毒でプランクトンを殺して消化・吸収します。

しかし、刺胞動物には肛門は存在しません。食物は口から摂取され、胃腔内で処理された後、不要なものがふたたび口から排泄されます。つまり、イソギンチャクやクラゲでは、口と肛門が〝兼用〟になっているのです。

口とは別の場所から出てくることを「うんち」の必要条件と考えれば、刺胞動物の「うんち」はまだ、正真正銘の「能動的なうんち」とはいえないかもしれません。しかし、前出の海綿動物の胃腔よりは、積極的な消化作用が見られます。

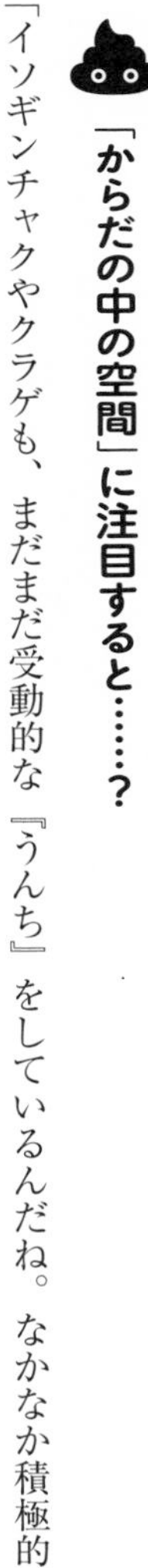

「からだの中の空間」に注目すると……？

「イソギンチャクやクラゲも、まだまだ受動的な『うんち』をしているんだね。なかなか積極的というか、りっぱな『うんち』ができないね。どんな動物なら、りっぱな『うんち』をつくれるの？」

ミエルダは、近くにあった石の上に腰を掛けて、うんち君の疑問に答えます。

「『うんち』らしい『うんち』は、外胚葉、内胚葉、中胚葉の三つの組織の層をすべてもつ『三胚葉性動物』（図1－9右下）になって、やっと『能動的に排泄できる』ようになったといえるかもしれないね。消化管は内胚葉によって形成されるが、三胚葉がしっかりと区別できるように進化した動物では、体内の空間である体腔が大きくなり、その体腔の中で消化管が十分に発達できるようになった。このような動物を**真体腔動物**とよぶんだ。

その結果、口から食べたものが消化管内で十分に処理された後、肛門から晴れて『うんち』が排泄されるようになった。たとえばミミズも魚も、そしてヒトもまた、三胚葉性動物の真体腔動物で、消化管はその食べ物の特徴に合わせて進化してきたんだ」

「体の中の空間を『体腔』と言うのか。その体腔の発達もまた、消化管の進化に重要なんだね」

「そのとおりなんだ。三胚葉性動物の中でも、プラナリアやヒラムシのような扁形動物は体腔を

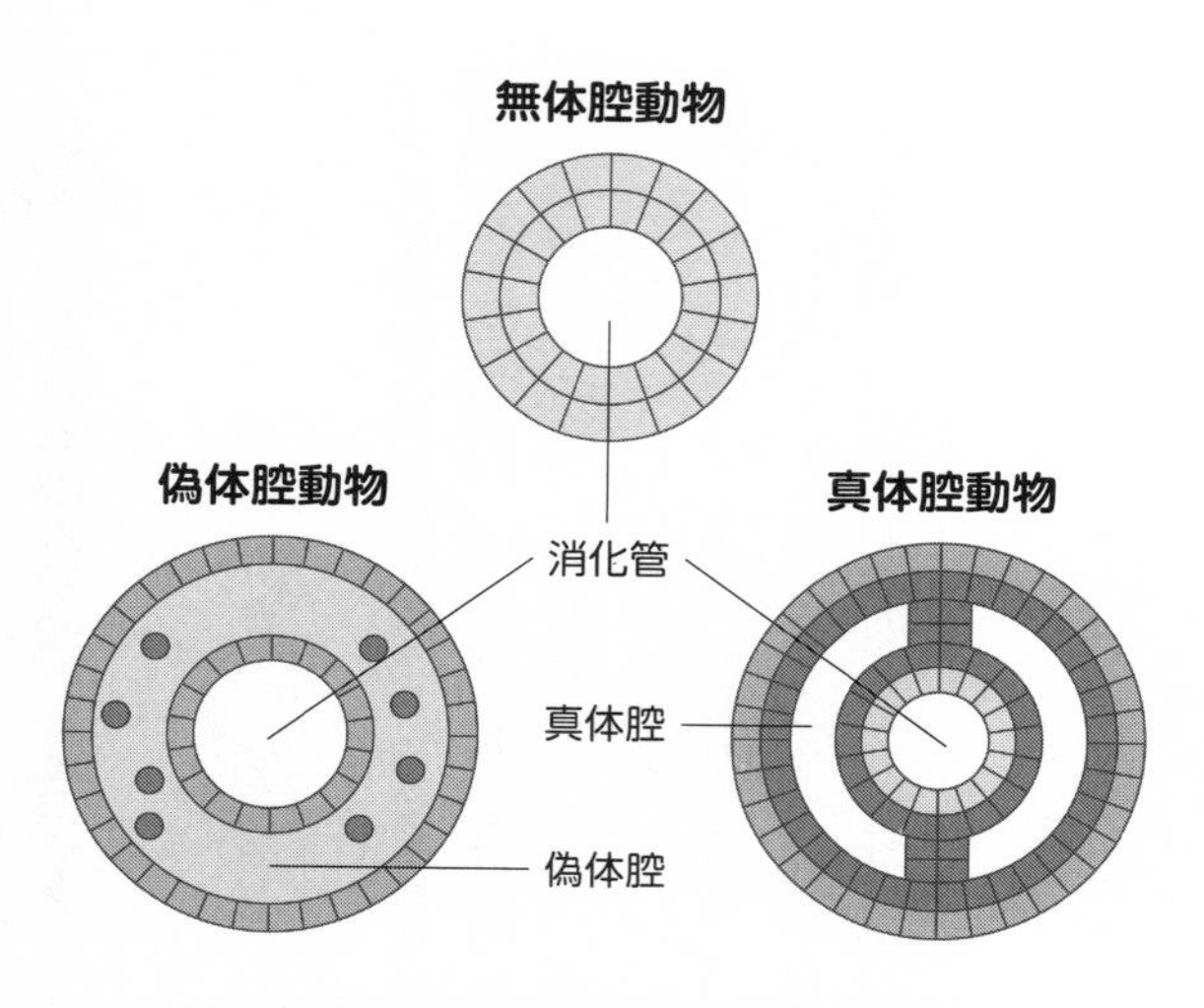

図1－10　無体腔動物、偽体腔動物、真体腔動物

もたず、**無体腔動物**とよばれている。また、センチュウ等の線形動物では三胚葉のあいだの仕切りがしっかりしていないので、**偽体腔動物**とよばれているんだ。これらの動物では、真体腔動物に比べて消化管はあまり発達していないんだよ」（図1－10）

お尻になるか、口になるか
――「うんち」の出る穴はどう決まる？

ここまでのミエルダの話を聞いて、うんち君は感心していました。

「進化の過程で動物の体構造は複雑に変化してきたけれども、積極的にりっぱな『うんち』を排泄できるようになるまでに、生き物は果てしない時間をかけて、からだのつくりを整えてきたんだね」

「まったくそうなんだ、うんち君。動物の発生と『うんち』の関係には、まだまだ興味深いことがあるんだよ」と、ミエルダは帽子のつばを少し持ち上げて言いました。

「三胚葉性動物の発生では、三つの胚葉が形成される原腸胚期の最初の現象として、細胞の塊となった胚の一部がくぼみ始め、『原口（げんこう）』ができることが特徴なんだ。やわらかい風船を胚に喩えるならば、風船の外側から指をゆっくり差し込むような感じだ。くぼみは胚の内部で管となって伸びていき、その先端が反対側の表皮と融合して、もう一つの穴を開口する。この管がやがて消化管となり、先にできた原口と、後から形成されたもう一つの穴が、口または肛門となってく」（図１-11）

「へえ～、丸っこいと思っていた胚に穴が開くんだ。両端の穴は、どっちが口でどっちが肛門になるの？」

「原口」が口になるか肛門になるかは、動物の種によって決まっています。先に描いた系統樹（27ページ図１-６）を参照すると、ウニやナマコのような棘皮（きょくひ）動物、そして脊椎動物への系統では、「原口が肛門」となり、新しい開口部が口となります。このような動物を「新口動物（後口（こう）動物）」とよびます。一方、それ以外の無脊椎動物では「原口が口」となり、これらは「旧口（こう）動物（前口（ぜんこう）動物）」とよびます（図１-11参照）。

ミエルダが続けます。

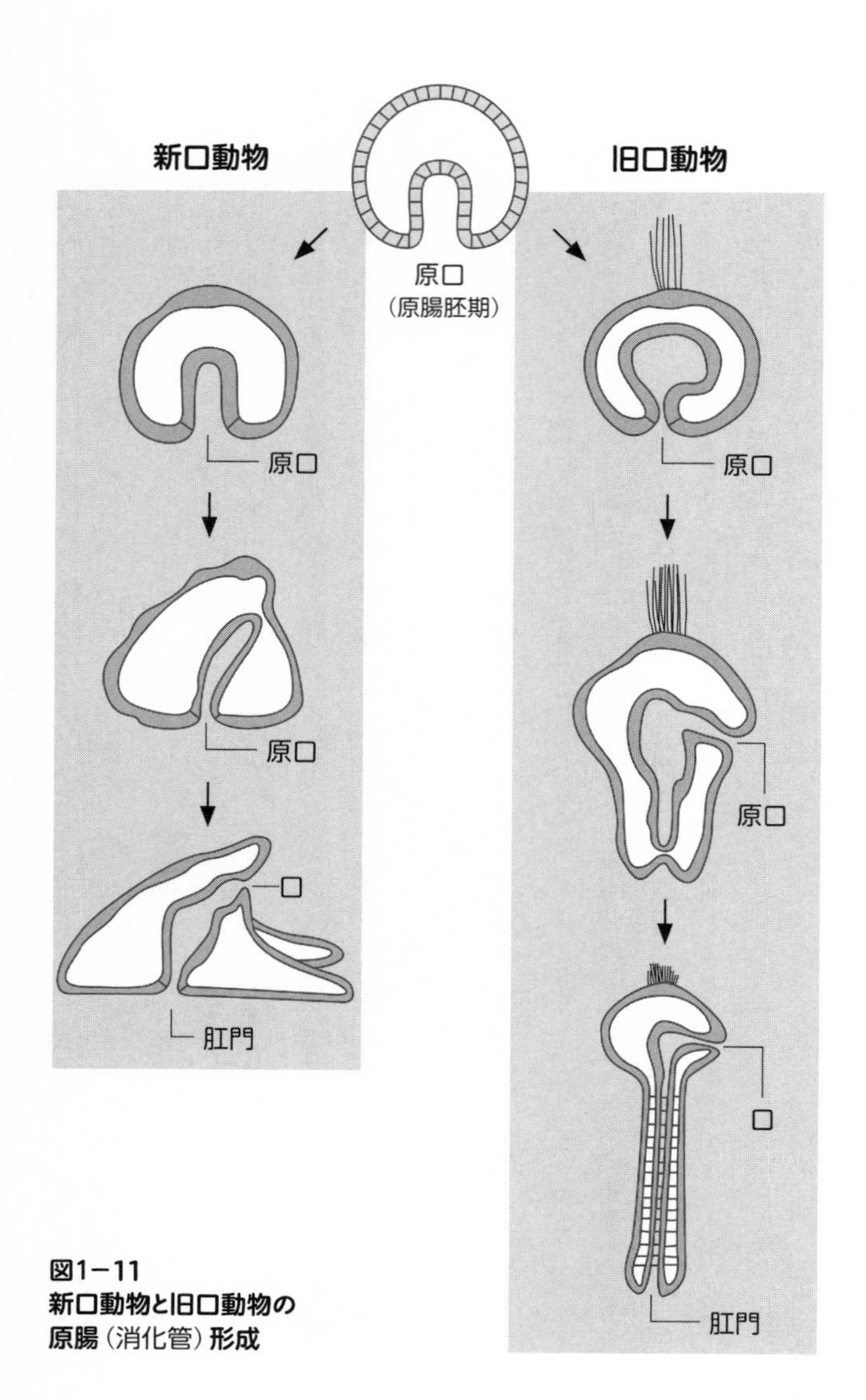

図1−11
新口動物と旧口動物の原腸(消化管)形成

「動物の系統樹を見ると、新口動物と旧口動物への道は大きく二手に分かれるんだ。新口動物は背骨のある脊椎動物への系統に、そして、旧口動物は無脊椎動物への系統に向かっていく。その系統と口や肛門のできる順序には整合性がある。でも、どうしてこのように、『うんち』が出てくる肛門と食べ物をとる口のできる順番が動物の系統によって分かれているのかは、いまだ謎のままなんだよ」

初めて「うんち」をした生き物は？

「地球上で初めて『うんち』らしい『うんち』をした動物は何なんだろう？」

うんち君の突拍子もない疑問に、ミエルダは腕組みをして、首を傾げながら考えています。

「う〜ん、難しい質問だね。少なくとも、『うんち』を能動的に排泄しはじめたのは、三胚葉性動物だといっていいだろう。図１－６の系統樹に基づけば、新口動物の系統では、すでに三胚葉をもち、水中生活している棘皮動物門の祖先が、能動的に『うんち』をしはじめたのではないかな。

もう一方の流れである旧口動物（すべて無脊椎動物）の系統では、やはり三胚葉をもって水中で暮らしているセンチュウ等の線形動物門の祖先が『うんち』を能動的に排泄したのではないかと推測される。偽体腔動物の一員であるセンチュウの消化管は、真体腔動物に比べると発達していないが、消化管をひと通りくぐってきた食物を『うんち』として排泄していることは確かだからね。

　発達した消化管を考慮するならば、旧口動物のなかで真体腔動物の原始的系統であるミミズやゴカイ等の環形動物門の祖先が、『うんち』らしい『うんち』を積極的に排泄するようになったといえるのではないかな」

「『うんち』の進化も、はるかな時間を経ているんだな〜。僕みたいな『うんち』ができるまでには、ずいぶん長い時間が必要だったんだね……。ちょっと誇らしくなってきたよ。それじゃあ、『うんち』が大きくなるにはどのような進化が必要だったの？」

大きな「うんち」を生み出すには？

　ミエルダは腕組みをしたまま答えました。

「大きな『うんち』はやはり、大きな動物から排泄される。大きなからだをつくり上げ、維持するにはたくさんのエネルギーが不可欠で、すなわち多量の食べ物が必要になる。現在、最もからだの大きな動物はクジラやゾウの仲間だけれども、彼らは哺乳類だね。哺乳類がどうして大きくなれたかを考えてみよう」

「大きくなれた理由か……。考えたこともなかったよ」

「一つの理由として、体温を一定に保つことができる**恒温動物**として進化したからだと考えられる。彼らの体温は周囲の気温に影響されず、ほぼ37℃に保たれている。その結果、体内での代謝をおこなう化学反応がよりスムーズに進み、かつ、運動能力も向上する。こうして、大型化を実現することができたと考えられる。

先ほど、体内の空間である体腔が大きくなり、その体腔の中で消化管が十分に発達できるようになったと言ったけれど、大型化した動物たちは、体腔の空間を使いながら、消化管に加えて、肝臓や膵臓などの消化器官も発達させ、大量の食べ物を効率よく消化できるようになった。だからこそ、『うんち』も大きくなったんだろう。

絶滅した恐竜のなかにも大型化したものがいたことが知られているが、これまでの研究から、恐竜は鳥類と共通祖先をもち、さらには恒温動物であったという説もあるんだ。恐竜の『うんち』は、糞石（ふんせき）またはコプロライトという化石になって発見されている。サイズが大きく、骨のようなものが含まれている糞石は、肉食恐竜の『うんち』ではないかと推測されている」

「そうかあ〜。『うんち』が大きくなることも、やはり進化の結果なんだね」うんち君はしきりにうなずいています。

1-3 「うんち」をしない生き物はいるのか

ミエルダは腰掛けていた石から立ち上がり、ゆっくりと小道を歩きはじめました。うんち君もそれに遅れないようついていきます。こんどは、ミエルダのほうから話してきました。

「うんち君、生き物の中には『うんち』をしないものもいるんだよ」

「えっ！」と叫んで、驚いたうんち君は一瞬、立ち止まりました。ついさっきまで、動物のうんちができるまでの長い時間をかけた進化の歴史や多様性の話を聞いてきたのに、うんちをしない生き物がいるなんて、にわかには信じられません。ミエルダは涼しい顔で、話を続けます。

「先ほど、二胚葉性動物にはイソギンチャクやクラゲがいるという話をしたけれど、南の海に暮らすサンゴ礁を形成している個々のサンゴも、じつは同じ刺胞動物の仲間なんだ。サンゴの一個体の大きさは1センチメートル以下で、石灰質の外骨格で身を覆い、たくさんの個体が集まって群体を形成している。そして、それら各個体の中に、褐虫藻（かっちゅうそう）という光合成をおこなう植物プランクトンが共生していることがわかったんだ」

「共生？」

「そう。サンゴは、口の周辺にある触手を使って小さな動物プランクトンを『胃腔』に取り入れて消化する。そして栄養を吸収し終えると、サンゴにとって不要となった排泄物や、呼吸で排出した二酸化炭素を、共生相手である褐虫藻に与えるんだ。一方の褐虫藻は、サンゴの排泄物中に含まれている栄養素を利用し、二酸化炭素は光合成に用いて、産出した酸素や有機物をサンゴに与えている。このように、サンゴと褐虫藻は互いの『排泄物』を使って共生しているんだ。そのため、サンゴには『うんち』をする必要がないというわけだ」

口から「うんち」を出す生き物

うんち君は、「『うんち』をしないですむ」巧妙なからくりに目を輝かせています。

「三胚葉性動物では消化管が発達していると言ったけれど、そのなかに含まれる無体腔動物の代表は、扁形動物門のプラナリアやヒラムシという水中で生活している小さな動物だ。イソギンチャクやクラゲの仲間である二胚葉性の刺胞動物は、胃腔をもっていても口しかないのに対し、扁形動物では体軸に沿った消化管が形成されていて、口と肛門が共通という体構造をしている」

「口と肛門が共通ということは……、もしかして口から『うんち』を出すの？」

「ご名答！　プラナリアのような扁形動物では、口から食べ物が取り込まれ、消化管の中で消化・吸収がおこなわれた後、残りかすが『うんち』として、ふたたび口から出てくる。口と肛門が兼用と聞くと驚くけれど、彼らは確かに食べ物の消化・吸収をおこなっているから、食べかす

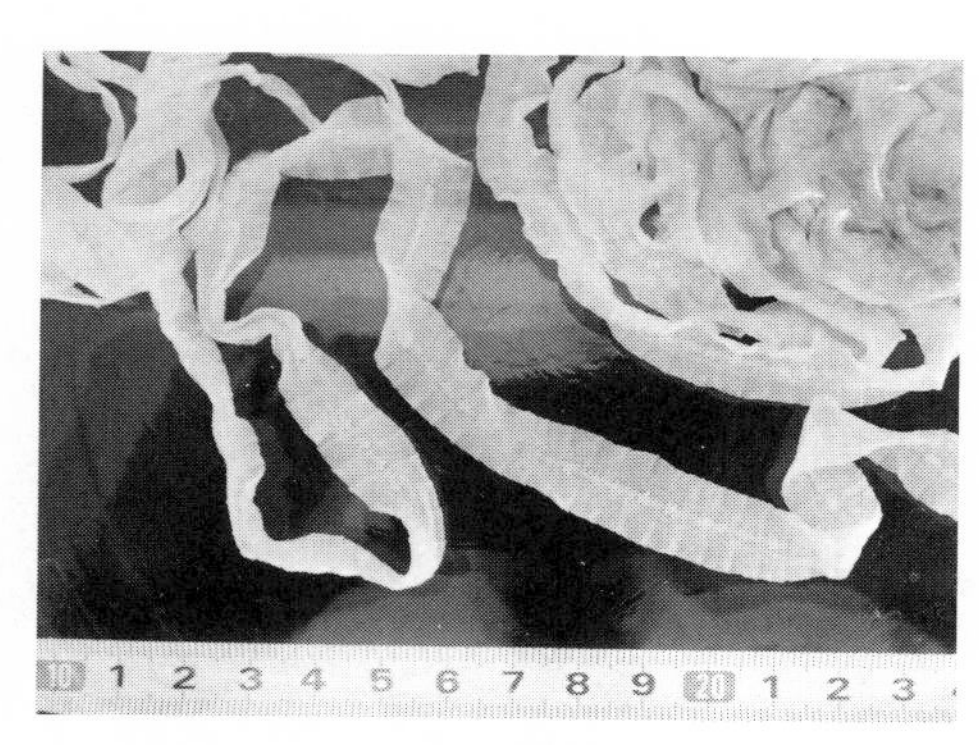

図1−12　サナダムシ
（旭川医科大学・中尾稔准教授提供）

といっても、刺胞動物に比べてよりしっかりとした『うんち』を排泄しているといってよいだろうね」

「刺胞動物と扁形動物は、どちらも口と肛門を兼用している動物だけど、消化管の発達は扁形動物のほうが進んでいて、より能動的な『うんち』をしているということなんですね」

扁形動物には、ヒトの寄生虫として知られる「サナダムシ」という条虫も含まれます（図1−12）。そのサイズは、成虫でも数ミリメートルから10メートル程度までさまざまですが、サナダムシは消化管や口が退化しているため、「うんち」が出ません。

それでは、どのようにして栄養分を摂取しているのでしょうか。サナダムシは、からだの表面にある細胞から、周囲にある栄養分を吸収しているのです。サナダムシの細胞膜は、表面積を増やすために「微小毛」という小さなひだ状に変化していて、そこから効率的に小さな分子を吸収しています。

哺乳類の小腸の内面にある微絨毛（びじゅうもう）も同様の理由から進化した組織で、限られた空間の中で効率よく栄養分を吸収できるようになっています。

このように、寄生虫が宿主の中で適応した生活様式は、試行錯誤の結果、獲得されたもので、排泄物は、エクソサイトーシスによって放出されていると考えられます。

同じような生活様式をもつ寄生虫のグループとして、「鉤頭(こうとう)動物門」がいます。成体の体長は数ミリメートルから数センチメートルで、宿主動物の消化管の壁に吻(ふん)で噛(か)みついて付着生活をおこないます。サナダムシと同様、やはり自身の消化管をもたず、体表から栄養分を吸収しています。

また、扁形動物門の親類に「無腸動物門」というグループもいます。無腸動物の体は2ミリメートル以下のものが多いのですが、名前のとおり、彼らは腸、すなわち消化管をもっていません。食べ物にかじりつく口はあるのですが、食べ物の消化は「合胞体」とよばれる複数の細胞が一緒になった器官によっておこなわれています。したがって、排泄物はやはりエクソサイトーシスによって細胞外に放出されているとみられています。

その他、ミミズやゴカイが所属する環形(かんけい)動物門の「ヒゲムシ」という海生動物もまた、消化管をもっていません。海底に長いからだを潜り込ませ、頭を出して生活しています。能登半島の海岸に生息するヒゲムシの一種であるマシコヒゲムシは細長い体形をしていて、太さが1ミリメートル以下であるのに対して、長さはなんと40センチメートル以上になります。口、消化管、肛門

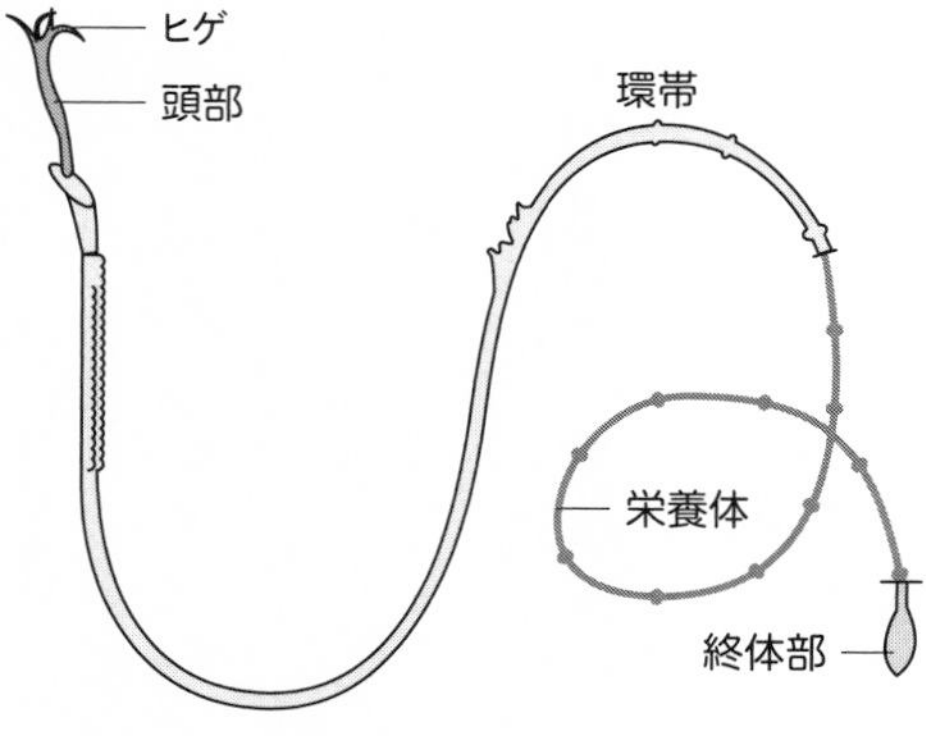

図1−13　ヒゲムシ類のからだ（笹山ほか：比較生理生化学 21：30-36（2004）より）

はなく、サンゴのように、微生物の力を借りて生活しています。

さまざまな研究の結果、マシコヒゲムシは環帯と体節状の終体部のあいだにある「栄養体」という器官にたくさんの細菌をすまわせていることがわかりました（図1-13）。それら細菌は、海水中の硫化水素を利用して有機物をつくっており、マシコヒゲムシはその細菌から有機物の栄養分をもらっています。ここでも、マシコヒゲムシを宿主、細菌を寄生者とする「共生関係」が見られます。

消化管はどこへ消えた？

「じつは深い海の底にも、消化管をもたない生物がいるんだ」ミエルダが続けます。

「ヒゲムシと同じように消化管がなく、共生細菌から栄養分をもらっている環形動物として、深海に暮らすハオリムシ（チューブワーム）がいる。体長は数十センチメートルで、深海の熱水噴出孔という高温の極限環境の周辺に生息している。同じ環形動物でハオリムシに近い関係にあるホネクイハナムシは、海底に沈んでいる鯨類の大きな骨をすみ家として群生しているところを発見された動物だ。こちらは体長数センチメートル以内で、やはり消化管をもっておらず、共生細菌から養分をもらって生活している」

ここまでの話を聞いたうんち君がふしぎそうな顔をしています。

「環形動物門に属しているミミズは、三胚葉性動物・真体腔動物としてりっぱな消化管をもち、能動的に『うんち』を排泄しているんだったよね。でも、今の話に出てきたヒゲムシやハオリムシ、ホネクイハナムシは同じ環形動物に分類されているのに、なぜ消化管がなくなってしまったの？」

ミエルダがふたたび、右手で帽子のつばを少し持ち上げました。

「うんち君、それはとてもいい質問だね！　じつは、それに対する明確な答えはまだないんだ。動物門の中や動物門のあいだを比較することにより、これらの『うんち』をしない動物も環形動物に含めるべきであることがわかった。その理由はこうだ。

系統進化の比較から考えると、環形動物の共通祖先は口や肛門をもっていて、食物を食べ、能動的に『うんち』をしていた。しかし、なんらかの原因から、別の方法で栄養素をとることができる環境に適応したと考えられる。または、別の方法で栄養素をとらざるを得ない環境で生きていくことになったのかもしれない。消化管をもった仲間の動物群との系統進化を考えると、いったん消化管を発達させたうえで、口から食物をとらなくてもいい特殊な環境下では、二次的に消化管が退化したと考えられるんだ」

「それじゃあ、これらの動物は消化管を捨てて、食べ物を味わうことなく、栄養素を体に取り入れているんだね。進化の結果、能動的な『うんち』をする必要がなくなり、目立たない消極的な『うんち』をするようになってしまったのかな。ところで、『うんち』らしい『うんち』をしない動物たちは、体が小さい寄生虫や海底であまり移動しない生き物ばかりだね」

口も肛門もない生き物

「からだの構造がもっと複雑な動物にも、『うんち』をしないものがいるよ。たとえば、海のパイナップルといわれる『ホヤ』の仲間がそうだ。ホヤは、哺乳類と同じ脊索動物門に分類され、背骨のもとになる脊索という組織をもっている。ホヤの仲間は原索動物亜門の尾索（びさく）類に分類される。ホヤの受精卵は細胞分裂を繰り返し、やがて体幹部と尾部からなる『オタマジャクシ幼生』という遊泳できる幼生になるんだ。ところが、このオタマジャクシ幼生には脊索はあるけれども、口、消化管、肛門がないため、いっさい食べ物をとることがない」

ホヤの幼生の栄養素は、ホヤが受精卵のときからもっている卵黄です。この卵黄は、発生の過程で幼生の体内の細胞に配分されていて、それを種々の「代謝」に利用しています。そのため、その卵黄を消費し尽くす前に、オタマジャクシ幼生は海底に定着し、パイナップルのような成体に変化しなければなりません。

興味深いことに、成体になると脊索が消える一方、消化管が形成され、食道の開口部、食道、胃、腸、肛門が備わります。これらの消化管は、オタマジャクシ幼生の時期に腹側にあった内胚葉の細胞塊から形成されます。

ホヤのほかにも、原索動物亜門に分類される水生動物がいます。ナメクジウオとよばれている頭索（とうさく）類です。ナメクジウオはホヤのようには変態せず、一生のあいだ、消化管と脊索をもって生活しています。顎がなく、開いたままの口で食物を受動的にとって、消化管で消化・吸収をおこなって「うんち」を排泄します。

ミエルダは「少し難しい話になるけれど」と断ったうえで、さらに詳しく教えてくれました。

「一般に、細胞レベルにおいては、どんな生き物も飢餓状態という限られた期間中であれば、細胞外部から栄養素を取り入れなくても、自身のタンパク質を分解して再合成することで急場をしのぐ過程が知られているんだ。この現象は**オートファジー**とよばれている。しかし、個体レベルで見ると、生きるためにはやはり食べ物を得て、消化管で消化・吸収する必要があるんだ」

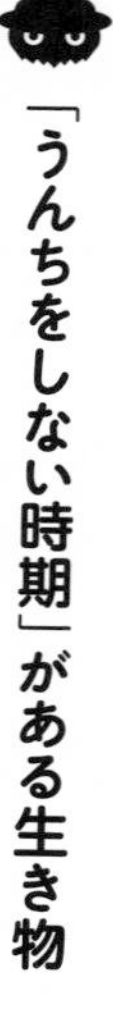

「うんちをしない時期」がある生き物

　飢餓状態という言葉に反応したうんち君が、新たな疑問を問いかけました。

「オートファジーをおこなう細胞みたいに、ある期間だけ外部から食べ物を取り入れずに、『うんち』をしなくなる動物はいないの？」

「面白い視点だね！　ある限られた期間だけ『うんち』をしない動物……といって、すぐに思い浮かぶのは昆虫だ。昆虫は多様な進化を遂げてたくさんの種類がいるけれど、どんな昆虫にも、立派な口、消化管、肛門がある。昆虫が、幼虫から成虫に変化していく過程を**変態**とよぶのだが、その変態によって『さなぎ（蛹）』の時期を過ごすものがいるんだ」

「さな……ぎ？」

「チョウやガを思い浮かべてごらん。モンシロチョウの幼虫は、キャベツ等のアブラナ科の葉を食べて緑色の『うんち』を出す。その緑色は、光合成をおこなう葉緑素による色だ。そしてチョウになると、花の蜜を吸って液体の『うんち』を放出する。では、さなぎの期間はどうだろう？

　幼虫は、すべての『うんち』を排泄してさっぱりしてから、クチクラ（体表にできる硬い膜）の殻に囲まれたさなぎへと変態するが、さなぎの殻には口や肛門などの開口部はない。さなぎの時期には、体内でチョウになる体構造の再編成のために種々の反応が起こっているが、その間、

『うんち』は出さないんだ」

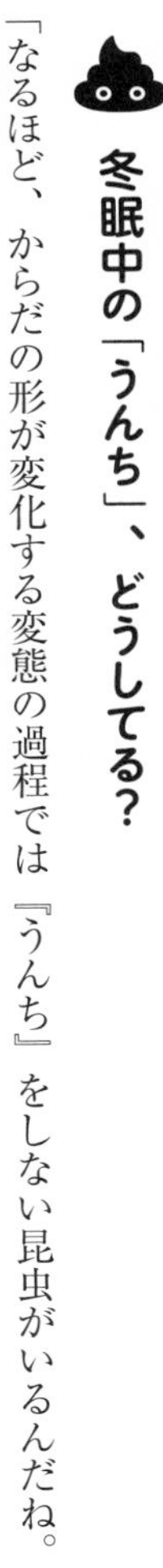

冬眠中の「うんち」、どうしてる？

「なるほど、からだの形が変化する変態の過程では『うんち』をしない昆虫がいるんだね。たとえば哺乳類のように、変態をしない動物でも『うんち』をしない期間があるの？」

腕組みをしながらミエルダが答えます。「確かに、そういうこともあるよ。一つは冬眠中の動物がそうだね」

「冬眠ってなに？」

「冬のあいだ、巣の中で動物が眠ることだ。冬眠する動物の一つにクマの仲間がいる。日本でいえば、北海道にはヒグマが、本州にはツキノワグマが住んでいる。彼らは冬になると穴に入り、冬眠をするんだ」

「どうして冬眠するの？」

「冬場は食べ物が減少するから、というのが一つの答えだ。食物が少なく、寒い冬のあいだに動き回ってエサを探すには、多くのエネルギーを使う必要がある。そんな生活がよいのか、または、エネルギーをなるべく消費せずに巣穴の中で眠り、エサが豊富になる春をじっと待つのがよいか――。クマたちは、進化の過程で冬眠するほうを選んだと考えられる。そのため、冬眠に入る前の秋に、栄養価の高い食物を多量に摂取してエネルギーを体内に蓄積し、長い冬に備えることになる」

「秋に満腹にした栄養分だけで、長い冬のあいだ、巣穴の中で生きていくうえでの代謝に耐えられるの？」

生物のメカニズムに対する理解がどんどん深まってきているうんち君が、鋭い質問を発します。

「秋にクマの体内で進んでいた『代謝』が、もし冬も同じ速度で進むならば、『冬眠』前に満腹になっただけではエネルギーが不足するはずだね。そこで、クマたちがどうしているかというと……、冬眠に入ると体温を下げて、からだの中の代謝速度を下げているんだ」

「ということは、代謝の結果としての『うんち』が出てくる速度や量も減ってくるんですね？」

「そのとおり！　消化管内で『うんち』のもととなる材料がゆっくりとたまっていくので、冬眠中のクマは『うんち』や『尿（おしっこ）』をしなくてすむ。また、母グマはそのような状態にありながら、冬眠中の巣穴の中で起き出して子どもを産み、母乳で育てる。子グマは『うんち』と『おしっこ』を排出するけれど、それを母グマが舐めて食べてくれるんだ」

「親は『うんち』をしないし、子どものぶんは親が食べてくれる……。冬眠中でも、クマの巣穴が『うんち』だらけになることはないいんだね！」と、うんち君は感心しきりです。

「そして、春になって冬眠から覚めた親グマは、ここぞとばかりに、数ヵ月のあいだに濃縮された水分の少ない硬い『うんち』をするんだ。冬眠中は少しずつ『うんち』を消化管にためて、冬眠が終わってから能動的に『うんち』をするわけだ。夏のあいだはふつうの『うんち』をしているけれど、冬には消極的となって『うんち』が出ないような代謝をおこない、春には積極的な『うんち』をしているのが、クマと『うんち』の関係だ」

ここまで、一見「うんち」をしないように見える動物たちの排泄について見てきました。そんな彼らも、体表を使ったり、微生物と共生して栄養分を摂取したりすることで、生きていくためのエネルギーを取り入れています。さらに、冬眠をする動物では、「うんち」の生成を遅らせるなど、排泄の時期と量を工夫していることがわかりました。

そうです。動物は必ず栄養素を取り入れ、必ず不要なものを排泄して生きているのです。

植物にとって「うんち」とは？

うんち君はふと、「独立栄養生物である植物も『うんち』をするのかな？」と疑問を抱きました。ミエルダは、少し困った顔をしています。

「う～ん。面白いけど難しい質問だね。植物にはまず、口や肛門、消化管らしきものは備わっていないので、『動物のうんち』のような排泄物は出さない。とはいえ、植物も生き物だから、もちろん体内に栄養素を取り入れて、代謝をおこなっている。植物がどのように栄養素を取り入れて、どのように不要なものを排出しているか、ちょっと考えてみよう」

植物は、地面の中に下ろしている「根」から、栄養素や水分を吸収しています。根をさらに細かく見ると、表面の細胞が毛のようになった「根毛」が伸びています。先に登場したサナダムシの細胞膜表面にある微小毛や、哺乳類の小腸内面にある微絨毛と同様、根毛もまた、限られた空間の中でできるだけ表面積を増やし、効率よく物質の吸収をおこなうために進化したものだと考えられています。

植物の根からは、土壌中にある窒素と酸素が結合した窒素酸化物やリン化合物、そして水分が吸収されます。根に共生している根粒菌(こんりゅう)という細菌が、空気中に含まれている窒素をアンモニウムイオンのかたちで植物の体内に取り入れることもあります。

このような状況は、動物の消化管と食べ物の関係と似ているとも言えます。つまり、外部に広がっている植物の根は、動物における「内なる外」としての消化管に相当し、そして、動物がとる食物が土壌中の栄養素に相当するわけです。ただし、両者には大きな違いがあり、植物は、動物のように食べ物を消化管に送り込むのではなく、必要な成分を必要な量だけ外界の土壌から体内に吸収しています(図1-14)。

「動物の消化管と、植物の根のはたらきが似ているのか……!　面白いですね」

意外な類似に、うんち君はすっかり感心したようです。ミエルダはコクリとうなずきました。

植物の葉では、日中の太陽光を利用して光合成によってつくられた炭水化物や、根から吸収した窒素酸化物やリン化合物を用いて、生体に必要な物質が合成されています。また、光合成でつくられた酸素と水は、葉の裏にある気孔から体外へと排出されます。

一方、植物の細胞は「セルロース」という糖類でできた細胞壁で囲まれているため、細胞が死んだ後も、その形態が保たれます。樹木では、幹や枝の表面の細胞が死んだ後に、乾燥した樹皮となります。

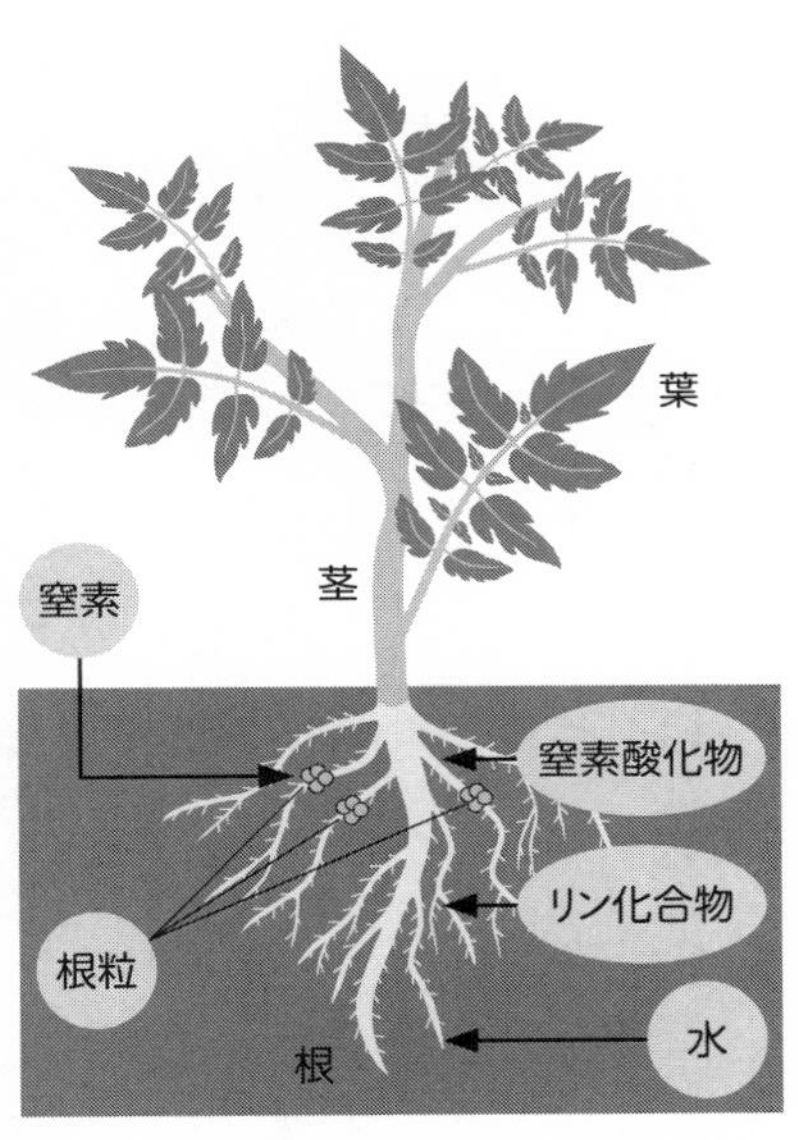

図1−14　植物の根　土中にある根のはたらきは、植物体を支えることに加え、水分や栄養素を吸収し、吸い上げることである。根の表面には根毛が伸び、土中での表面積を増やしている。根のところどころに存在する根粒には、根粒菌が共生している

また、一生のうちに何度も葉をつけて落とす樹木がある一方、一年で枯れてしまう植物もあります。このように、植物のからだを構成する葉や茎

などの一部が枯れることにより、植物の体内で不要となった物質を排出しているわけです。ミエルダは、感慨深げにこう言いました。

「動物の『うんち』は生きた動物から排泄されるものだけれど、植物では葉からの水の放出（蒸散）や細胞組織の死、そして落葉によって不要なものを『排泄』している。考えようによっては、落ち葉は植物の受動的な『うんち』といってもよいのかもしれない」

うんち君はぽつりとこうつぶやきました。

「そうか、植物も落葉によって排泄しているんだ」

1-4 「うんち」はなぜ「臭い」のか

うんち君はミエルダの話から、「生き物は必ず栄養素を取り入れて排泄すること、そして、『うんち』のでき方にも多様性がある」ことを知りました。

「そうだ、ずっと気になっていたことがあった！」うんち君は、大事なことを忘れていたとばかりに勢い込んでこう訊ねました。

「ねえ、ミエルダさん。『うんち』にはなぜ、特有の臭いにおいがあるの？　その……、どうして僕は臭いの？」

「君は決して臭くなんかないさ。そのにおいにはちゃんと意味があるんだ。まずは、なぜ特有の臭いにおいがするのか、その理由を探ってみよう」

腸内細菌の仕業？

動物の食性は、主として「肉食」「草食」「雑食」の３種類に分けられ、そのどれに属するかは、動物の種によってほぼ決まっています。それらの食べ物は、消化管を通っていくあいだに、胃や、消化管につながっている肝臓や膵臓などの各器官から分泌される物質と反応します。「うんち」には、その代謝過程でつくられた代謝産物や未消化の食べかすが含まれるため、何を食べたかによって、特有のにおいがする一因となっています。

「そういった食物に由来する成分以外に、『うんち』の中には、消化管に寄生している腸内細菌や寄生虫も含まれているんだ。特に腸内細菌のなかに、特有の臭いにおいを出すものがいるんだよ」

「『うんち』中の成分にも、いろいろあるんだね。もっと詳しく知りたいなあ」

「健康なヒトを例にしてみると、『うんち』の重さのうち、約80パーセントは水分だ。残りの約20パーセントのうち、３分の1を食べ物の未消化物が、３分の1を消化管から剝がれた腸粘膜の組織が、そして、残りの３分の1を腸内細菌やその死骸が占めている。『うんち』は通常、固形物だけれど、水分を含んでいて、その形が変わっても腸の中で化学反応を円滑におこない、柔軟にその形を変えられるようにしているんだ」

「『うんち』の形が変わる……？」

「そうなんだ。たとえば、ヒトの腸内細菌は、ヒトが生活していくうえで役に立つ善玉菌と、悪さをする悪玉菌、それ以外の日和見（ひよりみ）菌に分けられる。腸の中で繁殖しているこれら三つのグループの生存比が、なんらかの原因でバランスを崩すと、宿主であるそのヒトの体調も変わってしまうことがある。そうなると『うんち』の形が変わって、下痢状や軟便、便秘になるんだ」

腸内細菌は、腸内にある消化物を栄養源としながら「寄生生活」を送っています。腸内細菌の体内における代謝の過程で合成された「においのある物質」が放出されることでも、「うんち特有のにおい」が発生します。ミエルダが補足してくれます。

「腸内細菌の種類によって、放出される『においのある物質』の種類も量も異なるんだ。肛門から出る『おなら』のにおいは健康状態によってさまざまに異なるけれど、それは腸内細菌の種類と生存比が、腸の持ち主の状態を反映しているからだ。たとえば、ふだんより臭い『おなら』が出たら、健康状態が良くない可能性がある。便秘のときには『硬いうんち』となり、下痢のときには『水状のうんち』となって、そのにおいが違ってくる。『うんち』や『おなら』のにおいで、自分の健康状態をある程度、把握することができるんだ」

「うんち」あるところ、腸内細菌あり

「どんな『うんち』にも、必ず腸内細菌がいるの？」

「そのとおり。腸内細菌は、ほとんどの動物の消化管に寄生している。たとえば、哺乳類では、子ども（胎児）がお母さんの子宮の中にいるあいだは無菌状態で、その胎児の体内に細菌はいない。でも、その子どもが生まれた後には、口と肛門から細菌が消化管に侵入したり、母親から与えられる母乳とともに細菌が消化管にやってきてすみついたりすることになるんだ。

　鳥類の場合は、卵の中にいるヒナについては無菌状態だけど、孵化後、親鳥との接触やエサを通して細菌が口と肛門から侵入し、消化管内で腸内細菌になっていく」

「消化管の中には、どれくらいの数の腸内細菌がいるの？」

「個々の腸内細菌は目には見えないほど小さいけれど、その数は膨大だ。ヒトでいえば、健康な成人の大腸に寄生する腸内細菌の数は６００兆〜１０００兆個で、その種数は約５００〜１０００種類、重量は１〜１・５キログラムほどと考えられている。そして、その細菌の種類と数は、個人や動物の個体によってさまざまであり、先に述べたように、一個人の中でも体調によって、腸内細菌の生存比などの状況が変わりうる。また、腸内細菌自身の中でも代謝が起こり、その結果生じるさまざまな生成物が排泄物として細菌体外へ放出される。それらが含まれることで、

『うんち』から発散されるさまざまなにおいとなる」

細菌とは何か、簡単にまとめておきましょう。1-2節で見たように、あらゆる生き物は、三つの「ドメイン」に分けることができます。多くの腸内細菌は、そのうちの「真正細菌ドメイン」に含まれ、すべて単細胞です。

腸内細菌の細胞は細胞壁に囲われ、内部にはDNAでできた遺伝子が入っています。しかし、遺伝子を囲む「核膜」とよばれる構造は存在せず、細胞内のはたらきを分業する細胞小器官も少ないという特徴をもっています。このような生物を「**原核生物**」とよびます。ちなみに、海底の熱水噴出孔周辺の高温の海水中や、塩分の高い湖の水中などの極限環境に生活する「古細菌ドメイン」に所属する細菌も、この原核生物です。古細菌には、腸内細菌に含まれるものもいます。

一方、それ以外の生物はヒトを含め、核膜や種々の細胞小器官をもつ「**真核細胞**」から形成されています。真核細胞からなる多くの生物は多細胞生物ですが、単細胞で生活するものもいます。

「においのないうんち」があるとしたら……？

「腸内細菌は消化管の中で、どんな生活をしているのかなあ？」

うんち君は、ヒトの場合では1000兆個にも及ぶという腸内細菌の暮らしぶりが気になるようです。

前述のとおり、腸内細菌も生き物なので、その細胞内では当然、代謝がおこなわれています。腸に流れてくる食べ物の消化物を栄養分として細胞内に取り込み、種々の化学反応によってエネルギーを取り出します。

一連の反応の結果、生成された物質が排泄物として細胞外に放出されますが、それら腸内細菌が放出する物質のなかには、硫化水素などのイオウ化合物や、インドールなどのにおいのある化学物質が含まれています。これが、「うんち」に特有のにおいをもたらす大きな原因となります。

「腸内細菌はほとんどすべての動物に寄生しているから、『うんち』に特有のにおいがあることは当然のことなんだ。もし腸内細菌がいなければ、『うんち』はほとんどにおわないだろう。でも、腸内細菌のいない消化管は存在しないから、『においのないうんち』はありえないんだ」

「『うんち』が臭い原因は、腸内細菌がいるからなんだね。そして、ほとんどの動物に腸内細菌がいるということは、ヒトも含めた動物の「うんち」に特有のにおいがあることは当然のことなんだね！」

自分のにおいを気にしていたうんち君に、元気が出てきたようです。

「そのとおりだ。細菌がエネルギーを得るために、酸素を用いないで栄養素を分解することを**発酵**という。発酵は腸内細菌だけでなく、消化管の外にすんでいる多くの細菌もおこなっている現象だ。ヒトは種々の食べ物を加工する経験を積み重ね、細菌によるこの発酵を利用してきたんだよ。たとえば、味噌(みそ)、醤油(しょうゆ)、納豆、酒、ワイン、ヨーグルトなどの食品や飲み物は、すべて発酵によってつくられている。これらの食品に特有の香りは、細菌による発酵によって生み出されている。続く第2章では、腸内細菌のはたらきについて、もっと詳しく考えていこう」

「『うんち』について少しずつわかってきたよ。次の旅が楽しみだ！」

＊

じつは「うんち」には、腸内細菌が放出したにおい物質の他にも、「うんち」の落とし主が意図的に混ぜる「においのある物質」が含まれていることがあります。その「におい」には、動物が生きていくうえで大切な役割があることが解明されつつあります。積極的に排泄された「うんち」のにおいが、動物個体間や種間のコミュニケーションのために大いに役立っているのです。「うんち」は特有のにおいをもっているからこそ意味があり、そのにおいは「さまざまな生命活動の合作」としてできあがった個性であるといってもよいかもしれません。うんち君も、そのことがだんだんとわかってきたようです。後続の章で、「うんち」に託された意義について、さらに詳しく考えていくことにしましょう。

個体にとっての「うんち」

――なぜ「する」のか

2-1 「うんち」は何からつくられる？

二人が歩いてきた草原の小道は、しだいに新緑が清々しい森の中に入っていきました。

「第1章で、『うんち』を構成している成分について見てきたけれど、もう少し詳しく考えてみることにしよう」

「健康なヒトの『うんち』のおもな成分は約8割が水分で、残りの2割のうち、3分の1は食べ物の未消化物、3分の1は腸管から剝がれ落ちた組織細胞、そして、最後の3分の1が腸内細菌とその死骸でしたね。他にも含まれているものがあるんですか？」

うんち君は自分自身のことが少しずつわかってきて足取りが軽くなり、目を輝かせています。

「それらに加えて、微量だけれども、食物が移動してくるあいだに消化管から出された分泌物も含まれている。そして、今示した割合は、あくまでも健康なヒトの場合だ。同じ一人のヒトでも、体調次第で『うんち』の成分は大きく変わってくる。『うんち』に水分が多いと『軟らかいうんち』になるし、水分が少ないと『硬いうんち』になる。消化管の消化や吸収の機能が落ちていれば、食物の成分のうち消化できなかったものがたくさん『うんち』に含まれることになるだろう」（図2-1）

水分と腸内細菌の関係

前述のとおり、「うんち」に含まれている成分のなかで最も割合の多いものは水分です。動物のからだからは、尿や汗としても水分が排出されますが、じつは「うんち」としてもたくさん排出されています。水は生物が生きていくうえできわめて重要な物質ですが、能動的に「うんち」を排泄する際にも必要なのです。

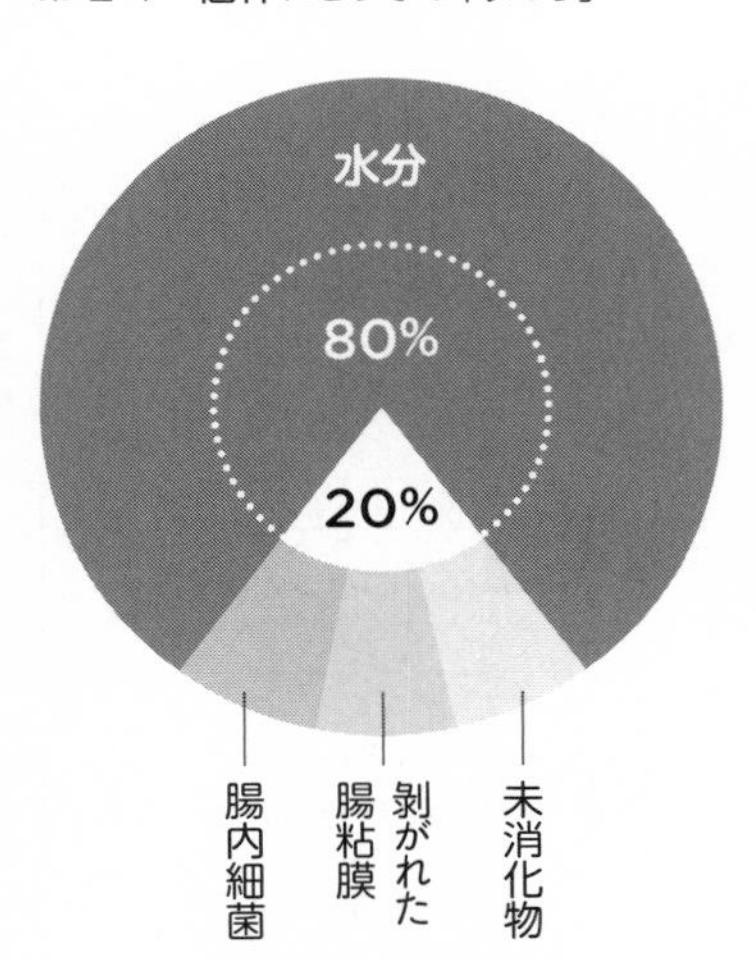

図２−１　うんちの成分

ちなみに、図２-２に示したブリストル便形状スケールは、１９９７年にイギリス・ブリストル大学のヒートン博士によって提唱されたものです。ヒトの「うんち」に関して、硬い状態から軟らかい状態までをその特徴に基づいて7種類に分けた、いわば「うんち」の分類表です。下痢や便秘の診断基準の一部として使用されることがあります。

「動物には、進化の過程を経てさまざまな生活様式を得たものがいる。そして、その多様な動

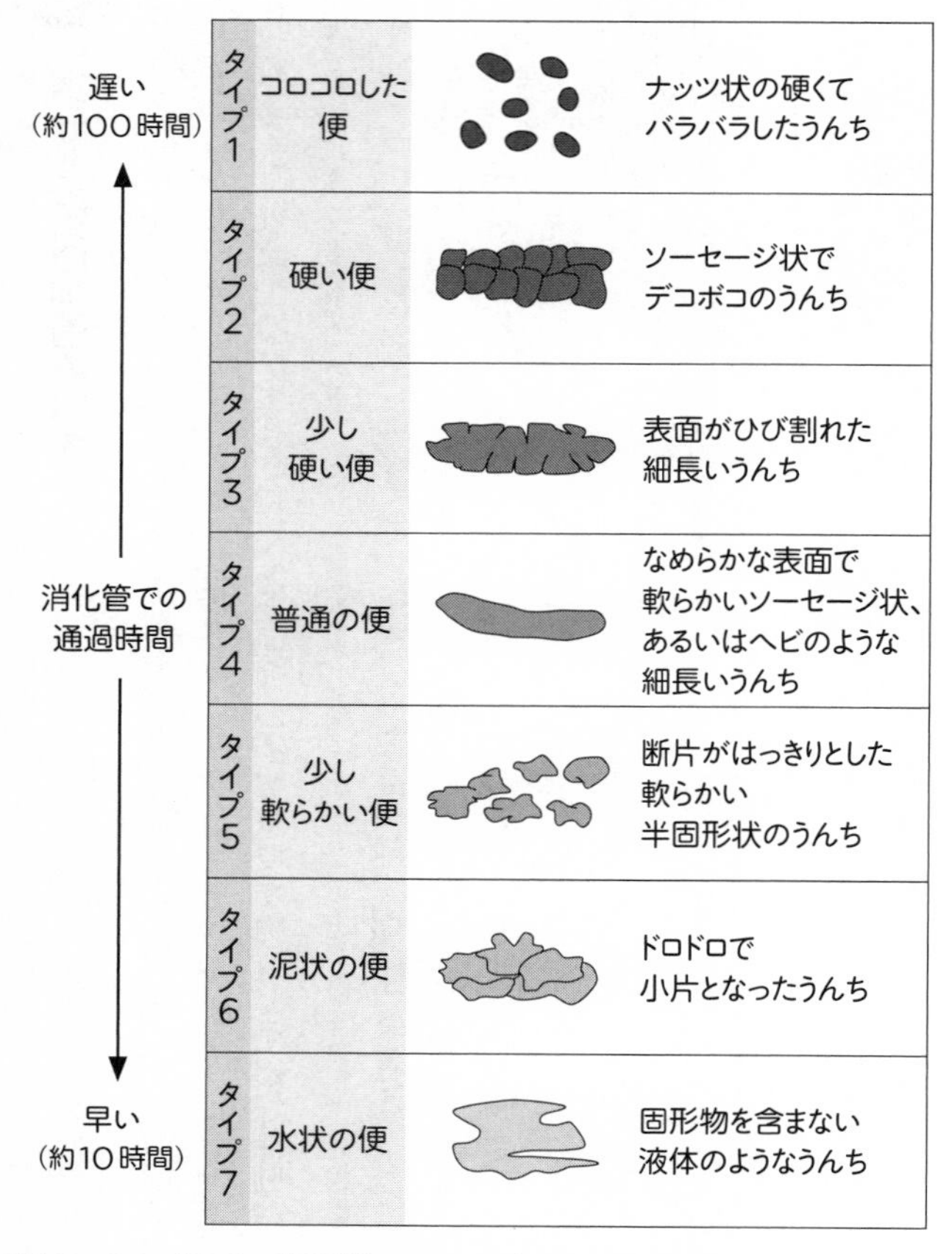

図2－2　ブリストル便形状スケール　(Lewis & Heaton: Scand. J. Gastroenterol. 32: 920-924 (1997) 参照)

物たちがする『うんち』もまた、さまざまな種類がある。先ほど話した、クラゲやイソギンチャクのことを覚えているかい？」

道端にあった古い切り株の上に座ったミエルダが、うんち君に問いかけました。

「彼らは確か、口から取り込んだ微生物を消化した後、その残りかすを『うんち』として、ふたたび口から体外に排泄するんだったね」

刺胞動物（二胚葉性動物）であるクラゲやイソギンチャクの胃腔は、つねに海水で満たされています。口から取り込んだ海水中に浮遊している微生物を刺胞細胞が捕らえ、消化した残りかすが「うんち」として再度、口から体外へ排出されるしくみです。つまり、彼らの「うんち」は濃縮されることなく、取り込んだ海水の流れとともに比較的、受動的に排泄されます。したがって、刺胞動物の「うんち」では、水分の割合は１００パーセントに近い数字になっています。

「水分がほぼ１００パーセントという状態では、食物の残りかすは『胃腔』の中で浮遊しているだけで、腸内細菌のような多様な微生物が寄生できる環境はできないと考えられる」

ミエルダの言葉に、隣に座ったうんち君がうなずいています。

「なるほど、受動的に『うんち』をする動物は水中で生活しながら、周囲の水の流れを使って食べかすを排出しているんだ。そういう状態では、確かに腸内細菌がすめる環境はできにくいよね。水分が限られる陸上で、積極的に『うんち』を濃縮することによって初めて、腸内細菌がすみやすい環境ができあがっていったんだね」

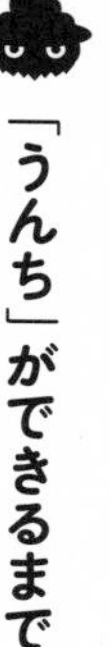

「うんち」ができるまで

「うんち」を能動的に排泄する代表例として、哺乳類のケースを考えてみましょう。

食物は、口の中で歯と顎の動きによる「咀嚼（そしゃく）」によって物理的にかみ砕かれ、アミラーゼ等の消化酵素を含んだ唾液と混ぜ合わされます。その後、砕かれた食物は食道を通って胃に送られ、消化作用を受けた後に腸へ移動します。

その間、唾液に続き、胃液、胆汁、膵液等の消化管や付属器官から分泌される種々の体液を取り込んでいきます。胃液にはタンパク質分解酵素であるペプシンや塩酸が、肝臓から分泌される胆汁には食物中の脂肪分と反応して吸収しやすくする胆汁酸や黄色の胆汁色素であるビリルビン等が、膵液には脂肪分解酵素であるリパーゼや炭水化物分解酵素であるアミラーゼが含まれています。

水を十分に含んだ食物は軟らかな食物粥になりますが、食物粥は消化管の形に合わせて変形しやすいため、スムーズに消化管を移動できます。また、水分中では物質が溶けやすく、消化に関わる化学反応が効率的に進みます。

消化管を通ってきたものが最後に肛門から「うんち」として排泄される直前には、大腸で水分が再吸収されます。動物は、食物に含まれる水分や分泌された体液の水分をみすみす捨てるようなもったいないことはせずに、消化管の最後の最後である大腸で必要量の水分を回収しているのです。その結果、大腸の中の食物粥の水分は80パーセントほどになり、粥状から徐々に形が整えられることで、「うんち」らしい「うんち」になっていくといってもよいでしょう。

そのようなプロセスを経て、「うんち」は能動的に排泄されます。詳しくは後述しますが、腎臓で尿がつくられる際にも、血液から濾過（ろか）された細尿管を流れる液から水分は再吸収され、体内の水分が有効利用されています。

 そもそも「栄養素」とは

「うんち」を構成する成分のうち、約80パーセントを占める水分を除けば、残る20パーセントの3分の1は食べ物の未消化物でした。それではそもそも、食べ物には何が含まれているのでしょうか。

「まず、食物に含まれている栄養素となる物質について考えてみよう」ミエルダはこう言って、「うんち」ができる前段階の話を始めました。

「すべての動物は従属栄養生物として、他の生き物に由来する物質、つまり食べ物を食べなければならない。そして、その食物の成分は他の生き物に由来するのだから**細胞の成分と同じ**なん

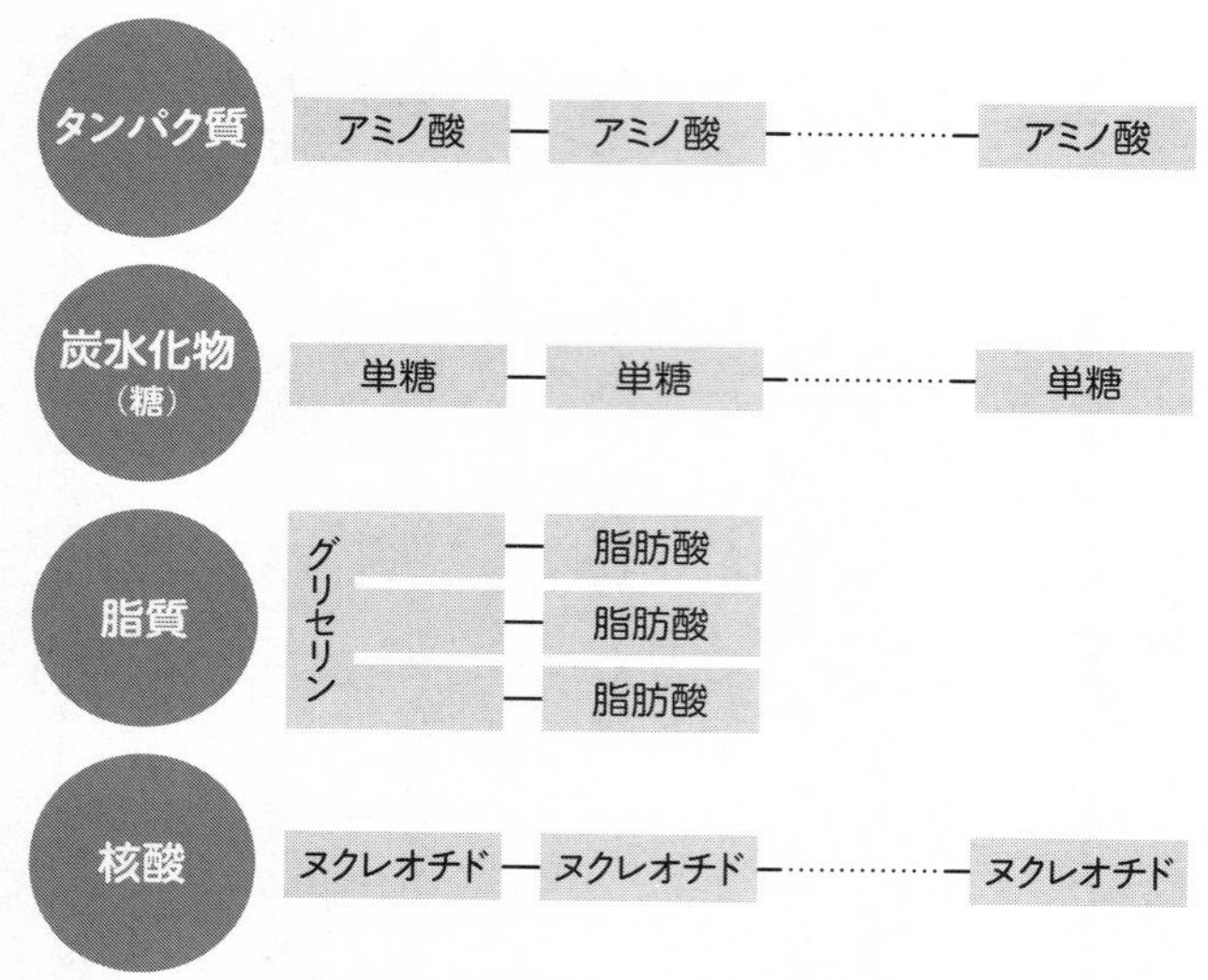

図2−3　4種類の生体高分子　それぞれ、低分子のユニットが連なっている

だ」

食物に含まれる栄養素の代表は、**タンパク質**、**炭水化物**（**糖**ともいう）、**脂質**です。これらに加えて、遺伝子の本体であるDNAやRNAの**核酸**、各種のビタミン、ミネラルも生きていくうえで必要不可欠な物質です。特に、タンパク質、炭水化物、脂質、核酸はそれぞれ、小さなユニットがたくさんつながった鎖状の物質なので、まとめて**生体高分子**とよばれています（図2−3）。ミエルダがうんち君に説明しています。

「食物にはじつにさまざまな分子が含まれていて、消化管の中で栄養素として吸収するためには、生体高分子をユニットのような小さな分子に分解する必要がある。そして、小さな分子にするためには、酵素を使った分解反応がスムーズに進む必要があるんだ。第1章で話したように、酵素が作用する物質のことを基質というけれど、食べ過ぎると基質が多くなり、酵素が不足して反応が十分に進まなくなる。また、食物繊維（セルロースなど）のように、ある基質には、消化管内に分布するどんな酵素を使っても分解できない分子が含まれていることがある。このような分子は**未消化物**として『うんち』に含まれることになるんだ」

「生体高分子が酵素によって小さなユニットに分解される……。そのユニットには、どんなものがあるの？」

うんち君の質問を聞いたミエルダは、右手であごひげを撫でながら答えます。

「生体高分子の種類によって、ユニットにもいろいろあるんだ」

タンパク質と炭水化物

一つめの生体高分子として、タンパク質から見ていきましょう。

タンパク質を構成しているユニットは**アミノ酸**です。生き物のアミノ酸には20種類あり、これら各種のアミノ酸がペプチド結合という方法で互いに手をつなぐことで、生体高分子としてのタンパク質を形成しています。

アミノ酸の並び方によってタンパク質の大きさや性質が決まりますが、その並び方は遺伝子によって決定されます。ＤＮＡによって記録されている遺伝情報に基づいてアミノ酸が順番につながった後は、自動的にアミノ酸どうしが結合しあって、個々のタンパク質の複雑な立体構造を形成します。

「タンパク質から構成される酵素は、特定の基質と反応することができるんだけど、それはタンパク質が複雑な立体構造をとっているから可能なことなんだ。つまり、遺伝情報が直接、タンパク質の構造や化学反応による代謝を調節しているともいえる」

「酵素の機能をもつタンパク質の構造は複雑だけれども、それは遺伝子の情報に従ったアミノ酸の並び方に基づいて決められている……。ユニットって大事なんだね」

うんち君はしきりと感心しています。

二つめの生体高分子は炭水化物で、糖ともよばれています。

炭水化物のユニットは**単糖類**で、グルコース、フルクトース、ガラクトースなどがこれにあたります。単糖類がグリコシド結合という方法で2個つながったものを二糖類とよび、甘いスクロース、マルトース、ラクトースなどがあります。単糖類がさらにたくさんつながって糖の鎖が長くなったものは多糖類とよばれ、デンプンやグリコーゲン、セルロースなどがこれに相当します。

「デンプンは植物のエネルギー貯蔵物質に、グリコーゲンは動物のエネルギー貯蔵物質になっている。前にも話したけれど、セルロースは植物細胞の細胞壁の成分として使われているんだ」

「炭水化物のユニットは単糖類……。『糖類』といっても、甘いものと甘くないものとがあるんだね。どちらも、エネルギーを蓄える分子として生き物が利用しているんだ」

脂質と核酸

三つめの生体高分子は脂質です。

脂質は、ユニットとして1個の**グリセリン**に3個の**脂肪酸**がつながっています。脂肪酸とは、炭素（C）と水素（H）が長くつながった鎖状の物質です。脂肪酸の一つがリン酸や糖に置き換わったものを、それぞれリン脂質、糖脂質とよんでいます。

「生物の細胞膜では、このリン脂質の脂肪酸側が向かい合って並んでいるので、その構造を『脂質二重層』とよんでいるんだ」

ミエルダの解説にうんち君はうなずきました。

「脂質は、脂肪分だけでなく、細胞膜も構成しているんだね」

生体高分子の四つめは核酸です。

核酸には、遺伝子の本体であるＤＮＡ（デオキシリボ核酸）とＲＮＡ（リボ核酸）があります。いずれも、**ヌクレオチド**というユニットがつながった長い鎖状の物質です。そして、この並び方が遺伝情報を担っています（図2-4）。

核酸のユニットであるヌクレオチドをさらに細かく見ると、炭素原子を五つもつ五炭糖と、塩基、リン酸という分子から構成されていることがわかります。そして、ヌクレオチドどうしは、リン酸ジエステル結合で結合しています。

「DNAとRNAって名前もよく似ているけど、何が違うの？」

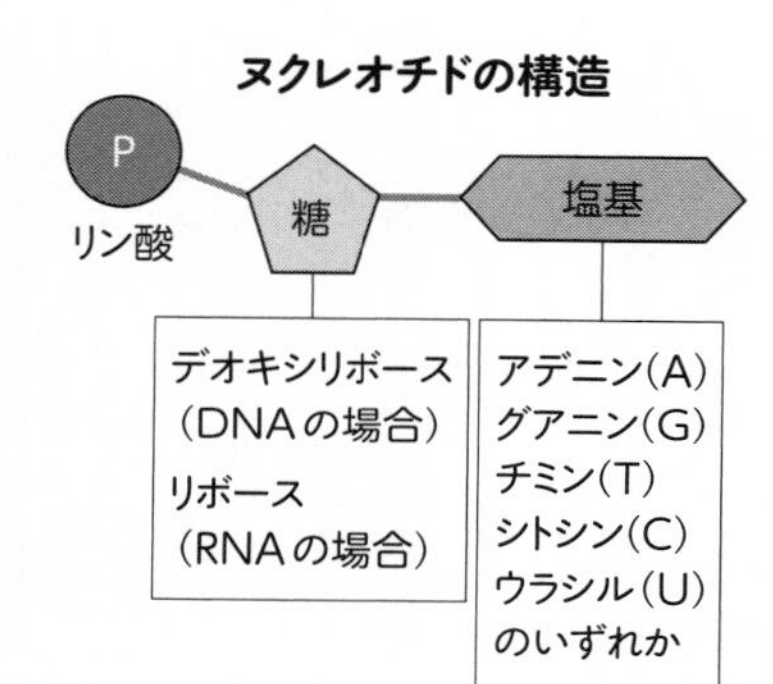

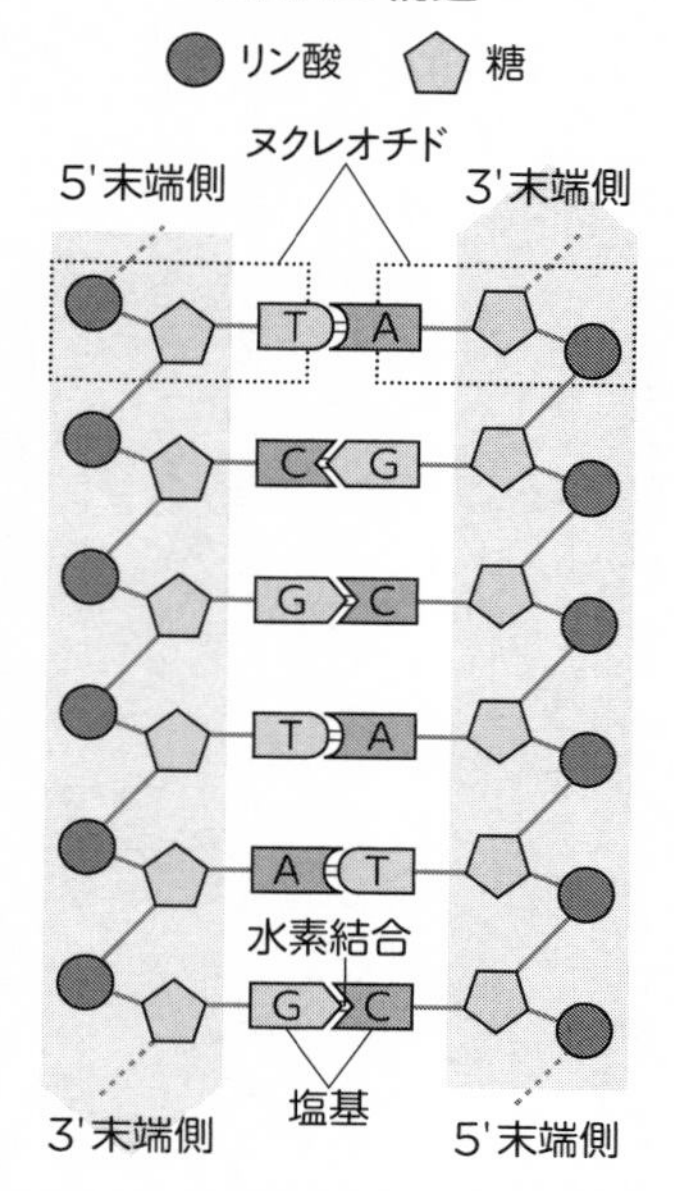

図2－4　ヌクレオチドから構成される核酸（DNAの場合）

うんち君の質問にミエルダが答えます。

「ＲＮＡでは五炭糖が『リボース』に、ＤＮＡでは『デオキシリボース』になっているんだ。また、ＲＮＡの塩基には、アデニン、シトシン、グアニン、ウラシルが使われているけれど、ＤＮＡの塩基では、最後のウラシルの代わりにチミンが使われている。

さらに大きな違いとして、ＲＮＡはヌクレオチドがつながった１本鎖であるのに対し、ＤＮＡはヌクレオチドの鎖が水素結合という弱い力によって向かい合わせに結合した２本鎖になっていて、有名な**二重らせん構造**を形成しているんだよ。その際、アデニンに対してチミン、シトシンに対してグアニンというように、各塩基が必ず相補的な対（つい）になって結合していて、この塩基配列の情報が遺伝子として機能しているんだ」

遺伝子を食べる⁉

ここまでの話を聞いていたうんち君に、新たな疑問が生じたようです。

「遺伝子を構成するＤＮＡの塩基配列情報がアミノ酸の並び方、つまり、アミノ酸をユニットとするタンパク質の構造を決めるんだったよね。じゃあ、細胞の中ではどのようにしてタンパク質がつくられるの？」

ミエルダは微笑（ほほえ）みながら答えました。

「うんち君、よくタンパク質のことを思い出したね。DNAの遺伝情報からタンパク質ができる過程で、もう一つの核酸であるRNAがはたらくんだよ」

遺伝子がはたらくことを**発現**といいますが、遺伝子が発現するときには、DNAの二重らせん構造がほぐれ、1本ずつのヌクレオチドの鎖になります。そこに、RNAを合成する酵素がやってきて、どちらか1本のヌクレオチド鎖の塩基に相補的な塩基をもつ別のヌクレオチドを次々につなげていくことで、1本鎖のRNAが合成されます。この過程を**転写**といいます（17ページ図1-3参照）。

DNAとRNAの塩基について、相補的な関係に着目すると、「アデニン（DNA側）：ウラシル（RNA側）」「グアニン：シトシン」「シトシン：グアニン」「チミン：アデニン」という各ペアがそれぞれ、水素結合によって向かい合っています。このようにして合成された1本鎖のRNAのことを**伝令RNA**、または**メッセンジャーRNA**（**mRNA**）といいます。

「DNAの遺伝情報は、mRNAに転写されるんだね。mRNAの情報はその後どうなるの？」

と、うんち君がミエルダに訊ねました。

「mRNAは細胞の中で、細胞小器官の一つである『リボソーム』の上にやってくる。そこに、1個のアミノ酸と結合した**転移RNA**——これは**トランスファーRNA**（**tRNA**）ともよばれている——が合流するんだ」

クローバー形の立体構造をしているｔＲＮＡの中の「アンチコドン」とよばれる三つの塩基が、ｍＲＮＡの「コドン」という三つの塩基と水素結合によって相補的に向かい合います。その後、ｍＲＮＡ上で、その隣のコドンに相補的なアンチコドンをもつ別のｔＲＮＡがやってきて、そのｔＲＮＡに結合しているアミノ酸と最初のｔＲＮＡにつながっているアミノ酸とが結合します。これが「ペプチド結合」です。

この反応が反復されることで、アミノ酸が連なったタンパク質が合成される過程を**翻訳**といいます。また、リボソームの構成要素にも、リボソームＲＮＡ（ｒＲＮＡ）とよばれるＲＮＡが使われています。

「へぇ〜、それぞれのＲＮＡがＤＮＡの遺伝情報に基づくタンパク質の合成に参加しているんだね。リボソームはまるで、タンパク質の合成工場だ。そこで合成されたタンパク質によって構成された酵素が代謝をおこない、その結果、炭水化物や脂質が合成される。生体高分子は互いに密接に関係しているんだね」

ミエルダは大きくうなずいています。

「うんち君、そのとおりなんだ。細胞の中では、これら生体高分子のほかに、ビタミンのような比較的小さな分子やミネラルも、さまざまな代謝に参加している。だから、生き物に由来する食物を食べるときには、これら各種の生体分子を食べることになるんだ。一般的には、『タンパク質や炭水化物を食べる』という言い方をするから、『遺伝子（核酸）を食べる』と聞くと少しヘンな感じがするかもしれないね。でも、食事の際には実際に、食物中に含まれているＤＮＡやＲＮＡも食べているんだよ」
「遺伝子を食べている……、なんだかふしぎな感じだね」

2-2 「うんち」はどうつくられる？――そして「おしっこ」は？

免疫細胞も「うんち」の中に！

約80パーセントを占める水分を除いた「うんち」の成分のうち、残る20パーセントを占めるのは、①食べ物の未消化物、②腸管から剝がれ落ちた組織細胞、③腸内細菌とその死骸が3分の1ずつでした。前節では①を確認したので、こんどは②を見ていきましょう。

具体的には、消化管の粘膜組織ということになります。腸管の構造を図2-5に示しますが、消化管の内部を通って食べ物が移動する際、消化管の内側の表面にある細胞組織が剝がれ落ちてきます。そのような表面細胞の層を内皮細胞とよびます。

特に、哺乳類の小腸には「絨毛」が並び、絨毛の表面には内皮細胞が並んでいます。狭い空間を効率的に利用するために、絨毛構造によって表面積を増大させ、栄養素の効率的な吸収をおこなっていることは、すでにお話ししました。さらに、絨毛が並ぶ内皮細胞の表面には、細胞質の微絨毛が並んでいます。

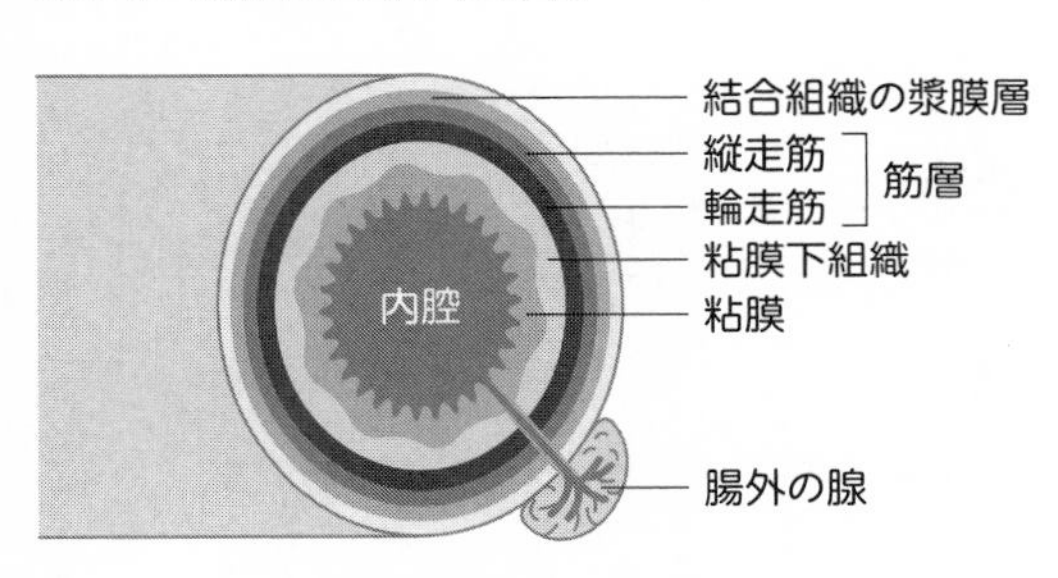

図2−5　腸管の構造

「ヒトの小腸の絨毛を広げると、その面積はじつに、テニスコート1面分に相当するといわれているんだ。『うんち』には、そのような膨大な内皮細胞のうち、剝がれて死んだ細胞がたくさん含まれている。でも、心配する必要はない。内皮細胞が剝がれ落ちても、その下の層にある細胞がすぐに細胞分裂をして組織を修復してくれるから」

「どんどん分裂して組織を修復し、栄養素の吸収を絶え間なくおこなってくれている……、内皮細胞は元気な細胞なんだね」

感心しているうんち君に、ミエルダが語りかけます。

「ところで、体外から取り入れた食物に含まれているのは、栄養素ばかりではないんだ。外部の環境から混入した細菌やウイルス等も含んでいるので、消化管は、これらの外敵につねにさらされていて、攻撃を受ける最前線でもあるんだよ。それらのなかには、病気を引き起こす病原性の微生物やウイルスもいる。だから、消化管を守るしくみが必要なんだ」

そのため、哺乳類や鳥類等の消化管には、病原体等の侵入者を攻撃するための**免疫システム**が発達しています。「免疫」とは、体内に侵入したり体内で生じたりした異物を認識して、選択的に排除するはたらきです。

外敵につねにさらされ続ける消化管の内皮組織には、免疫細胞である樹状細胞や、Tリンパ球やBリンパ球等を含む白血球が集合し、**腸管免疫系**を構成しています。それら免疫細胞も、内皮細胞と同様、一部が剝がれ落ちて「うんち」に含まれています。

なかでもBリンパ球は、**抗体**というタンパク質を放出し、異物の特異的な部分（抗原）を認識して反応する役目を担っています。消化管の中でも抗体は放出されますので、この抗体も当然、「うんち」の中に含まれているのです。

「うんち」が通り抜ける「フローラ」とは

「うんち」に含まれている成分の中で、もう一つ大きな割合を占めているのが**腸内細菌**です。腸内細菌とその死骸が、水分を除いた「うんち」の成分のうち、やはり3分の1を占めています。

腸内細菌は前述のとおり、単細胞の原核生物です。腸の中で、酸素がなくても代謝して生きていくことのできる嫌気性細菌も含まれています。

「哺乳類の子どもは生まれた直後から、鳥類のヒナでは孵化した直後から、産道や口移しの食事などを通して、多種多様な細菌が外部の環境から消化管にすみつくようになる。つまり、親から子どもへ多くの腸内細菌が伝えられるといってもいいだろうね。

一方、爬虫類や両生類、魚類などの他の脊椎動物や、ミミズなどの陸生の無脊椎動物の消化管にも腸内細菌はいると思われるが、まだよくわかっていないことも多いんだ」

ミエルダの話にうんち君がうなずいています。

「うん、腸内細菌は第1章でも出てきたので、よく覚えているよ。健康なヒトの成人の大腸に寄生する腸内細菌の数は600兆〜1000兆個で、その種数は約500〜1000種類。重さは1〜1・5キログラムくらいだったね」

「動物の腸内細菌は、多種多様な細菌によって構成されている。その腸内細菌の多様性をさまざまな花が咲くお花畑（フローラ）になぞらえて、**腸内フローラ**とよぶこともあるんだよ」

ミエルダの話に、うんち君が目を輝かせました。

「へぇ〜、『うんち』って、お花畑を通ってやってくるのかあ。僕はどんなお花畑を通ってきたんだろう……？」

でも、お花畑なんてなんだか意外だね。細菌にはいろいろな病気を起こすタイプもいるけど、腸内細菌は腸の持ち主である『宿主』に悪いことをしないのかな？」

「前にも話したように、腸内細菌は3種類に分類できる。宿主にとって良いことをしてくれる善玉菌、悪さをする悪玉菌、それ以外の日和見菌だ。腸内細菌は多い場合で１０００種類くらいいるけれど、宿主の側から見れば、大まかにはこのどれかに分けることができるんだ」

「善玉菌に悪玉菌、日和見菌……。具体的にはそれぞれ、どんなはたらきをしているの？」

じつは、これら三者の分け方は、それほど厳密なものではありません。健康な成人の「うんち」には、大まかに善玉菌が20パーセント、悪玉菌が10パーセント、日和見菌が70パーセントの割合で含まれているといわれています。善玉菌には、糖分を分解して乳酸を合成する「乳酸菌」や、糖分を分解して乳酸や酢酸を合成する「ビフィズス菌」等があります。また、ビタミンを合成してくれるものもいます。これら善玉菌による生成物は、腸から吸収されます。

一方、悪玉菌は、通常はさほど悪いことをしていなくても、他の細菌とのバランスが崩れることで〝悪さ〟が顕著になってきます。代表的な悪玉菌は、病原性をもつ大腸菌やレンサ球菌、腸球菌等です。これら悪玉菌は、栄養素を用いて硫化水素やアンモニアに加え、ときには食中毒を起こすような毒性物質を合成・放出します。これらの物質は、「うんち」のにおいの原因にもなっています。

日和見菌には、バクテロイデス属の仲間や、非病原性の大腸菌などが該当します。日和見菌は、善玉菌や悪玉菌の状態によってそのはたらきが変わり、それぞれの特徴についてはまだ不明な点も多く残されています。

これら3者の腸内細菌から構成される腸内フローラは、動物の種によってはもちろん、一個人や一個体ごとにも異なり、また、同じ個体の中でも体調とともに変化していくことが知られています。親子間の腸内細菌の伝播（でんぱ）を調べると、家系によっても腸内フローラの特徴が見られます。したがって、家系に伝わると思われている体質などの特徴には、遺伝性だけでなく、腸内細菌によってもたらされるものが含まれている可能性が考えられます。

最近、マウスの「うんち」の腸内細菌を使った、たいへん興味深い研究成果が発表されました。若いマウスの「うんち」の腸内細菌を高齢マウスの腸に移植したところ、高齢マウスの脳の認知機能や免疫機能が回復したというのです。腸内細菌の多様性を適度に保つ食生活によって、脳の衰えを回復させたり抑えたりすることができるかもしれない、という期待がかかりますね。今後のさらなる研究が楽しみです。

また、「うんち」には腸内細菌のほかに、真核細胞の単細胞である原生生物、これまでに出てきた扁形動物のサナダムシや線形動物のギョウチュウなどの寄生虫、生物と非生物の中間的存在であるウイルスも含まれています。

なぜ「茶色」なのか？——“着色料”の正体

「ところで、食べ物にはいろいろな色があるのに、どうして『うんち』の色は、いつも茶色っぽいの？」

うんち君は、自分のからだを見回しながらふしぎそうにしています。ミエルダは、そよ風に揺れている木々の葉を眺めながら答えました。

「確かに、どんな食べ物を食べたか、その色にかかわらず、『うんち』の色はいつも地味な茶褐色をしているね。それにもちゃんと理由があるんだ。これまでの話に出てきた**胆汁**を覚えているかい？　じつは、胆汁の成分に『うんち』の色が茶褐色をしている原因があるんだよ」

胆汁にはさまざまな成分が含まれていますが、その一つに胆汁色素の「ビリルビン」がありま す。ビリルビンは、血液中のヘモグロビンというタンパク質が代謝された物質です。

「ヘモグロビンは血液の赤色のもととなっている物質で、血液中の赤血球に含まれている。酸素の運搬を担っているヘモグロビンは肝臓で代謝・分解されるんだけど、その代謝産物として黄色いビリルビンがつくられるんだ。ビリルビンは胆汁中の一つの成分として、胆管を通して十二指腸へ放出される。そして、胃から移動してきた食物粥が、十二指腸で黄褐色に染められるというわけだ」

「つまり、胆汁に含まれるビリルビンは『うんち』の〝着色料〟の役目を果たしているんだね」

ビリルビンは「うんち」の中で、腸内細菌によってウロビリノーゲンに代謝され、最終的にはステルコビリンに変化します。このステルコビリンが「うんち」を茶褐色に染めます。

もし、なんらかの理由で肝臓の機能が低下すると、ビリルビンが胆汁に分泌されず、血液中に漂うことになります。その結果、体表の毛細血管も黄色を呈するようになるため、からだ全体が黄色っぽくなる症状が現れます。これが「黄疸（おうだん）」です。すなわち、黄疸は、肝臓の機能が低下していることを示す症状です。

「唾液、胃液、肝臓からの胆汁、膵臓からの膵液には、さまざまな酵素やホルモン等が含まれていて、それらもまた、『うんち』の構成要素になっているんだ。さらに、肛門付近で『うんち』に向けて、におい物質を分泌する**臭腺（しゅうせん）**をもつ動物もいる。このにおい物質については、これからの旅で詳しく話すことにしよう」

鳥の「うんち」

「消化管や付属器官からの分泌物には、たとえ微量でも『うんち』にとって重要な物質がさまざまに含まれているんですね」

うんち君の相槌（あいづち）に、ミエルダは思い出したようにこう言いました。

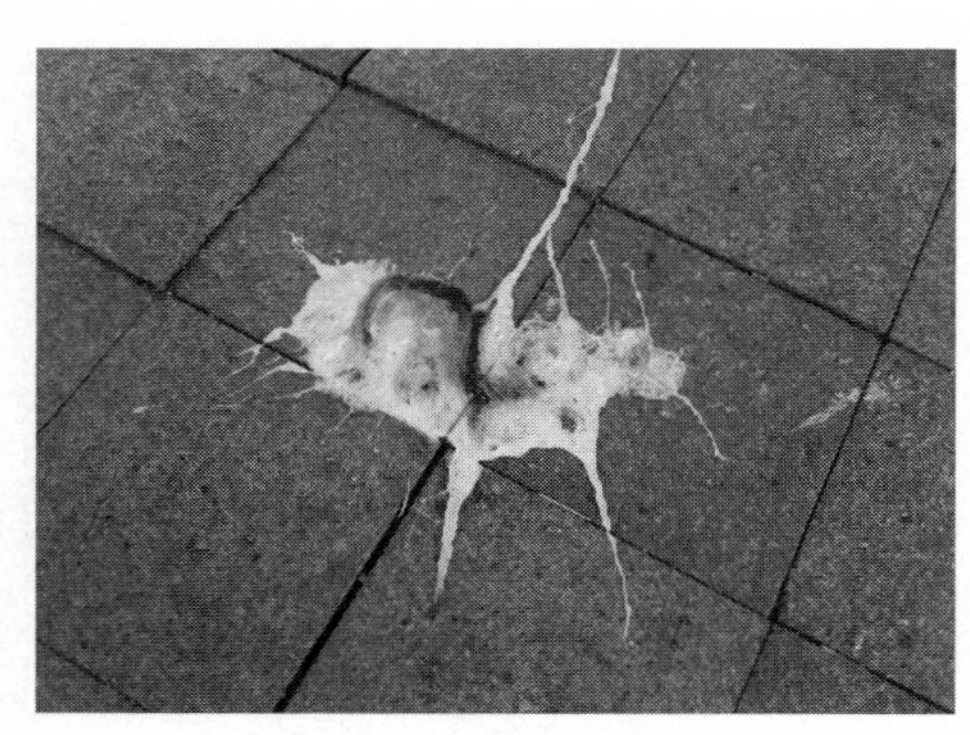

図2−6　鳥のうんち
周囲に広がっている白色の物質が尿酸（筆者撮影）

「そういえば、さらに興味深い物質が含まれている『うんち』があるよ。たとえば、鳥の『うんち』にはよく、不溶性の白い物質が含まれているんだ。路上に落ちているハトやスズメの『うんち』や、ペットの小鳥の『うんち』を見ると、茶褐色の『うんち』に白い絵の具のような物体が覆いかぶさっていることが多い（図2−6）。ふしぎなことに、この白色体は『うんち』本体の茶褐色とは混じることがないんだ」

「どうして？」

「この白い物質は、鳥の尿に含まれる不溶性の窒素代謝物である『尿酸』だからだ。尿酸は、排泄するのに多量の水を必要としないという特徴がある。飛翔のために、少しでも体重を減らしたい鳥類にとって、とても好都合な排泄物なんだ。一方、哺乳類の尿に含まれている窒素代謝物は水溶性の『尿素』だ。鳥類では、肛門と排尿口、生殖細胞を出す生殖口がいずれも、同じ空間である『総排泄腔』に開口しているので、『うんち』に尿酸が覆いかぶさると、その色合いが茶褐色と白色のまだらになるんだ。爬虫類も、鳥類と同様の排泄法をとっているよ。『うんち』は含まず、尿酸だけが含まれた尿を排出するときもある」

もう一つの排泄物——「おしっこ」の役割

尿酸や尿素が登場したところで、「うんち」と並ぶ排泄物である「尿」について考えてみましょう。

ほとんどの成分が水分である尿の中には、タンパク質が分解された際の窒素代謝物やミネラルが溶けています。体内で尿がつくられる場所は、うんちとは違って消化管ではなく、脊椎動物では「腎臓」がその役割を担っています。腎臓では、血液中の不要物が濾過されて尿となり、尿道を通って尿道口から排泄されます。肛門から排泄される「うんち」に対して、尿を「おしっこ」ということもありますね。

尿が排泄される理由の一つは、からだの「浸透圧」を調節することにあります。浸透圧は化学的な用語ですが、動物の細胞における浸透圧調節とは、細胞内に溶けている物質の濃度を一定に保つことです。

特に、陸上で生活する動物は、つねに乾燥状態にさらされており、水分を保って生活する必要があります。そのため、腎臓を使って摂取した水や物質の排泄をおこなって浸透圧を調節する方

動物群		窒素代謝物
硬骨魚類		アンモニア（毒性強、水溶性）
軟骨魚類		尿素（毒性弱、水溶性）
両生類	オタマジャクシ	アンモニア
	成体	尿素
爬虫類		尿酸（毒性なし、不溶性）
鳥類		尿酸
哺乳類		尿素

図2−7　脊椎動物と尿中の窒素代謝物

式を「浸透調節型」とよぶこともあります。

尿の内容物である窒素代謝物は、アミノ酸などが肝臓で分解された物質ですが、その種類には脊椎動物のあいだでも多様性があります（図2−7）。

哺乳類における窒素代謝物は水溶性で毒性が弱い「尿素」ですが、魚類や両生類の幼生（オタマジャクシ）の窒素代謝物は、毒性が強い「アンモニア」です。

代謝の結果、毒性物質を生成するとは穏やかではありませんが、彼らは水中生活をしているので、体外に排出された後はすぐに濃度が薄まります。排泄者自身への影響は、ほとんどないというわけです。面白いことに、オタマジャクシが変態してカエルになると、陸上生活に適応するために窒素代謝物は尿素に変わります。

ミエルダが説明してくれたように、鳥類や爬虫類では、不溶性で白色の「尿酸」を少量の水分とともに排泄します。大空を飛翔する鳥類は、つねに体重の軽量化をはかる必要があ

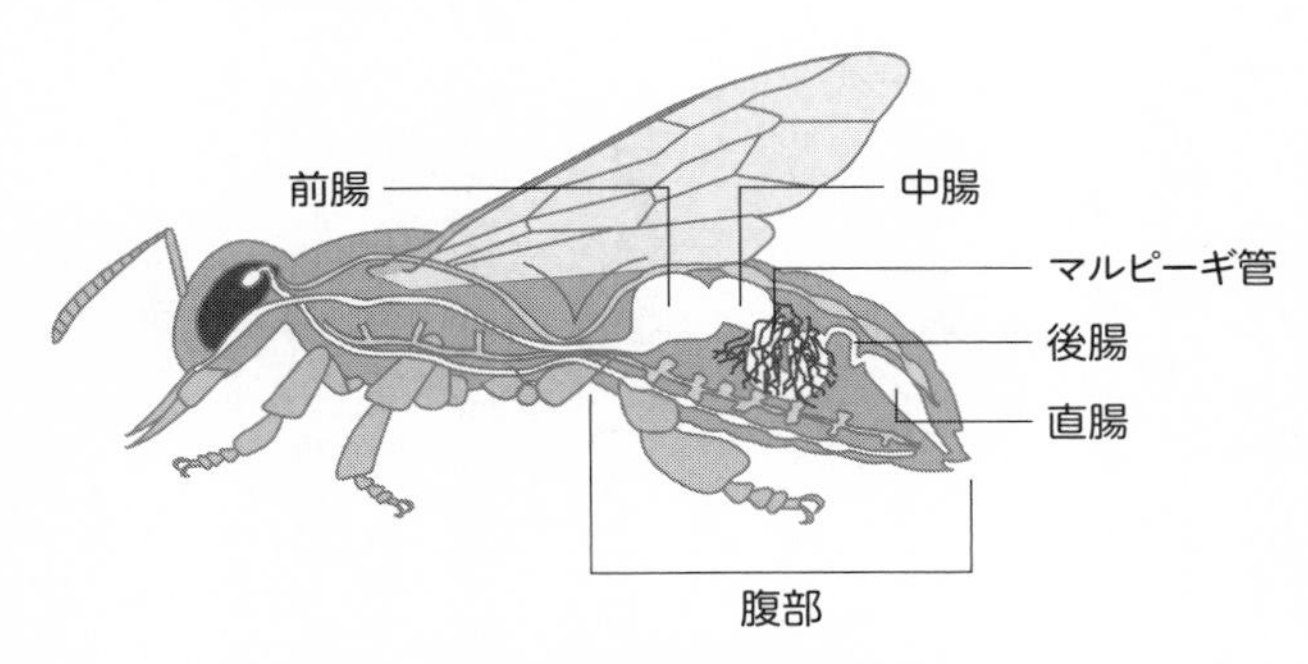

図２－８　昆虫の腹部とマルピーギ管

るため、尿をためる器官である膀胱（ぼうこう）をもたずに、腎臓から尿管を通して可能なかぎり早く、尿酸を排泄します。

「腎臓」のない生き物

無脊椎動物にも、腎臓と同様のはたらきをする器官があり、たとえば、扁形動物の「焔細胞（ほのお）」や環形動物の「腎管（じんかん）」、節足動物である昆虫の「マルピーギ管」などがこれにあたります。

マルピーギ管は、昆虫の消化管から体腔内に伸びている管状の器官です（図２－８）。昆虫の消化管は、食道の後ろが前腸、中腸、後腸に分かれています。厳密に比較するのは難しいのですが、前腸と中腸が哺乳類の胃に、後腸は哺乳類の小腸と大腸に相当すると考えてもよいでしょう。その後腸の一部が管状になり、体腔内に伸びている排出系がマルピーギ管で、体腔で集められた尿酸と水分が消化管へ排出され、「うんち」と合流してともに肛門から排泄されます。

これに対し、クラゲやイソギンチャクのような海生の無脊椎動物では、腎臓に相当する器官をもっていません。彼らの体液に溶け込んでいる物質による浸透圧は、周囲の海水の浸透圧とほぼ同じとなっており（「等張（とうちょう）」といいます）、「浸透順応型」とよばれています。

陸上動物の尿の排泄は、腎臓やそれに相当する排出系の器官によって水分調節をしながら能動的におこなわれていますが、多くの水生無脊椎動物では、細胞膜の内外で等張になるような、水分子の移動に任せた受動的な水分調節をおこなっています。

2-3 「うんち」は「どこで」「いつ」つくられる？

うんち君も木々の葉音を爽やかに感じています。

「『うんち』は消化管の中でできる、そのことはよくわかったよ。でも、消化管はとても長い器官だよね。『うんち』はいったいいつ、消化管のどこでできるの？」

ミエルダは右手でひげを撫でながら答えます。

「消化管の出口である肛門から出てきたものを『うんち』とよんでいる。それは確かだ。でも、消化管の中で『どこからうんちになるか』と、場所を特定することは難しいんだ。大ざっぱに言えば、大腸で食物粥から水分の再吸収がおこなわれて、その水分が80パーセント程度になった時点で、『うんち』ができあがったといってもよいかもしれない」

「『うんち』を生み出すためには、まずは食べることから始まる。食べるためには、『噛む』ことが必要ですね」

「そのとおり。噛むことは、『うんちの進化』を考えるうえでもとても重要なんだよ」

「『噛むこと』と『うんちの進化』にどんな関係があるの？」

ミエルダは帽子のつばを右手で持ち上げながら言いました。

「それを理解するために、『食べることの進化』を見てみよう。これまで話してきたように、三胚葉性動物は消化管をもち、脊索動物に進化したけれど、その起源となった初期の動物は噛むことができなかった。現在の原索動物であるナメクジウオは、口が開いたままで顎がなく、噛むことができない。また、現生魚類の無顎類（むがくるい）であるヤツメウナギやヌタウナギは、やはり顎をもっていないために、食物を噛むことができないんだ。したがって、初期の口を獲得した脊椎動物の祖先も、『エサを捕る』というよりは、水中で開いた口に入ってくる微生物を受動的に取り込んだり、液体状の食べ物を食べたりすることしかできなかっただろう」

第1章でも見てきたように、からだの構造が単純な二胚葉性動物では、口と肛門が共用の穴になっています。その後、それぞれに専用の穴ができて「口」と「肛門」が誕生し、その専用の穴どうしをむすぶ通路として「消化管」が確立します。消化管はさらに、食道、胃、小腸、大腸というように管の各部位で役割が分化し、機能強化が進んだといえます。

それは「顎」から始まった

「顎のなかった動物は、どのようにして顎をもつことができるようになったんだろう？」

うんち君の問いかけに、ミエルダは腕組みをしながら答えます。

「顎の元となったのは、鰓（えら）だと考えられているんだ。魚の祖先も現在と同様、水中の酸素を取り入れて二酸化炭素を排出するための呼吸器官として鰓をもっていた。その鰓によって水中から微生物をこし取り、栄養源として消化管に送っていたんだ。複数あった鰓のうち、前方の鰓が軟骨から骨に変化して、上下の顎になったと考えられている。上下の鰓の奥で蝶番（ちょうつがい）のような関節ができ、パクパクと口で咀嚼することが可能になって初めて、エサをかじることができるようになったんだ」（図2-9）

「顎があれば、能動的にいろいろなものをかじることができるようになるね」

「そうだね。そして、より効率的に食べるための次のステップとして、顎に歯が生まれた。歯があれば、獲物を捕獲しやすくなるし、かじりやすくもなる。その結果、自分よりも大きな獲物を食べることも可能になったと考えられるんだ」

脊椎動物のなかで、無顎類以外の顎をもつものを「顎口類（がっこうるい）」といいます。初期の顎口類は、顎を獲得した魚類のような動物だと考えられており、その化石は古生代オルドビス紀（約４億８５００万〜４億４３００万年前）に初めて出現し、シルル紀を経てデボン紀（約４億１９００万〜３億５９００万年前）に繁栄していたと考えられています。その貪欲な食欲を想像して、うんち君がつぶやきました。

「顎と歯ができることによって、大きなものや硬いものを積極的にかじりとることができるようになったんだね。僕はかじられたくないなあ……」

ミエルダも肩をすくめて同意します。

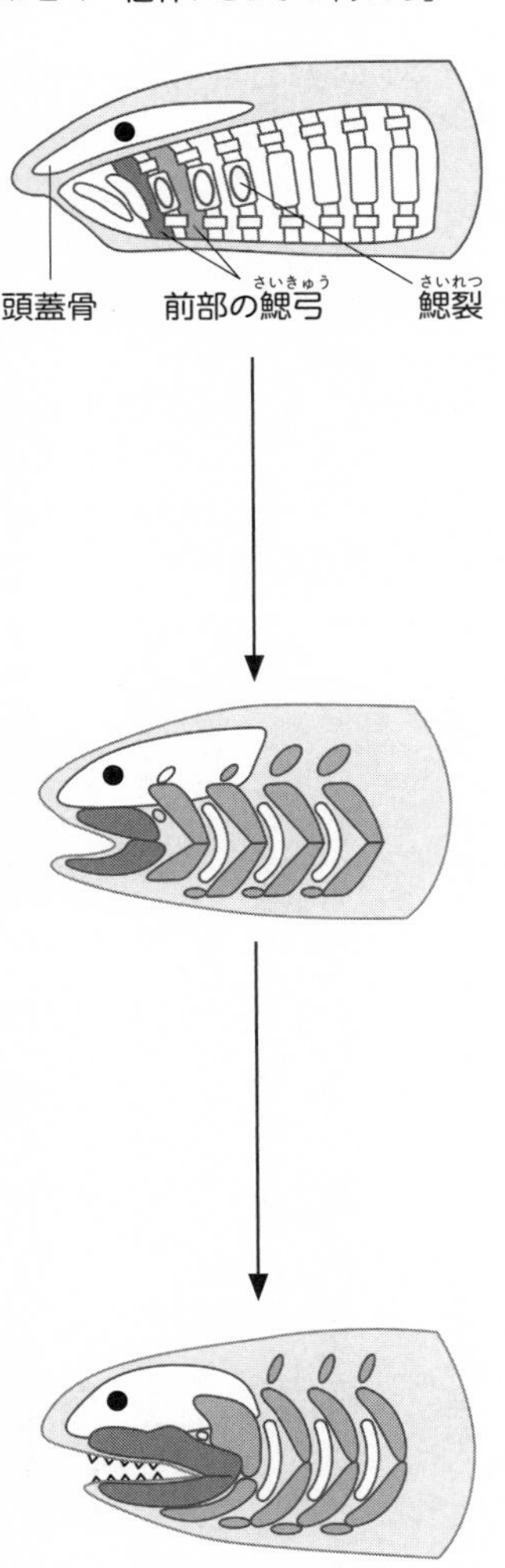

図２−９
顎の獲得　鰓から顎への進化

▶顎の獲得と発達=受動的に小さなエサを吸い取るだけの状態から、積極的に大きなエサをかじって食べることを可能にした
▶捕食―被食の関係の形成
▶顎に歯が形成、食性の分化と多様化
▶追跡―逃避の行動の多様化
▶運動器官の筋肉系と神経系の発達
▶神経系を制御する中枢神経系である脳の発達
▶体の前方に脳、目・耳・鼻などの感覚器官、食べるために口が集中=頭化
▶移動するための四肢の発達

図2―10　顎の獲得はさまざまな進化をもたらした

「私だってかじられたくないさ。じつはこれも重要なポイントなんだ。エサになる動物は誰しも、『かじられたくない』一心で逃げるよね。獲物が逃げれば、食べようとする側の動物は相手を追いかけることになる。ここに、**捕食―被食の関係**、そして**追跡―逃避の関係**が誕生するんだ」

「食べ／食べられ、追いかけ／逃げの関係か……、なんだかおっかないなあ」

「それも自然の摂理なんだ。そしてその摂理が、『食べることとうんちの進化』をさらに推し進めていくことになる。追跡するためにも逃避するためにも、筋肉や骨格のような運動器官が発達したほうが有利なことはわかるよね。それら運動器官を精密にコントロールするために、こんどは運動神経系が発達していく。そのようなプロセスを経て、神経系全体を統制する中枢としての脳も発達したと考えられているんだ」(図2-10)

「なるほど、顎の発達は脳の進化にも結びついているんだ

ね。それはつまり、食べることの進化が、生物の進化そのものにつながっているということだよね」

ミエルダは、あらためてうんち君に向き直り、こう言いました。

「そうなんだ。そして、食べ物を消化して排泄する結果として、『うんち』もまた、進化してきた。さらに、この点に関して、生物にはもっと劇的な変化も起こっているんだよ」

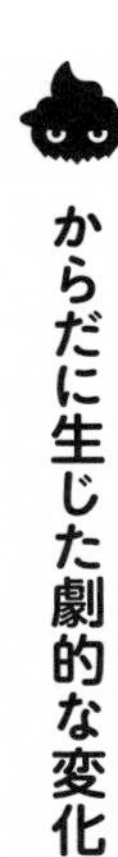

からだに生じた劇的な変化

「水中において運動しやすい体形は流線形なので、骨格の中心をなす背骨も、そして中枢神経をなす脊髄も、体軸に沿って長く伸びていった。消化管も同様に、体軸に沿って伸びているよね。そして、やがて口が前に、肛門が後ろに位置するようになって、『うんち』はからだの後方に排泄されることになった。このことは、動物のからだにどんな変化を促したと思う？」

「なんだろう……？　想像もつかないよ」

「口が前、肛門が後ろに位置するようになったことで、動物のからだはより前進しやすくなったんだ。これはとても重要な変化で、やがて身のまわりの情報を感知する目や鼻、耳等の感覚器官が、追跡―逃避の行動をより機敏におこなうために、口と同じようにからだの前方に集中した。これによって誕生したのが『顔』だ」

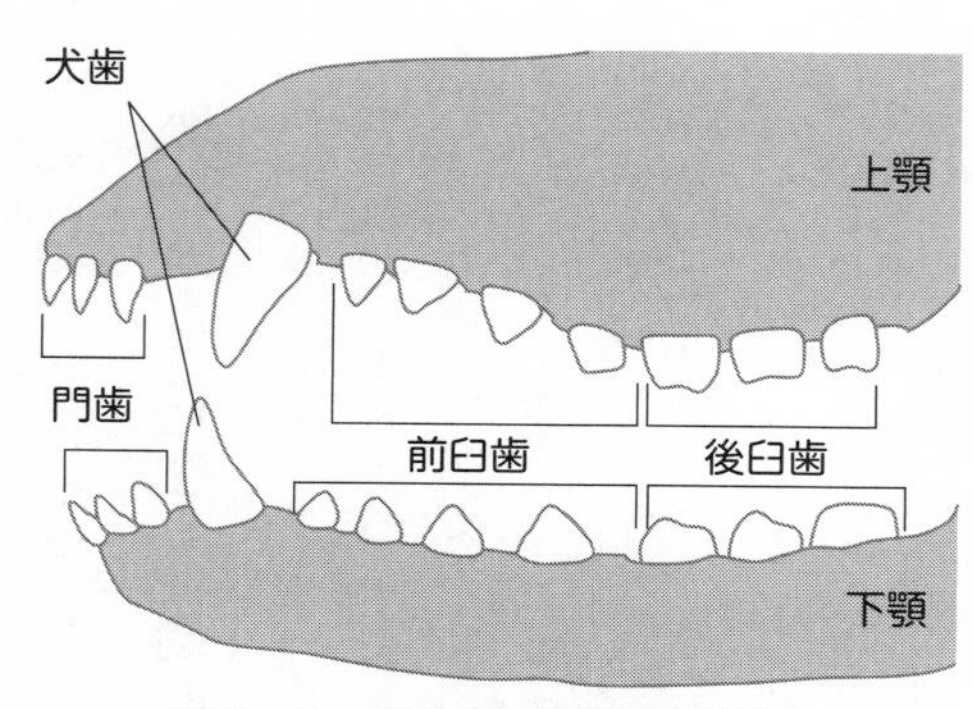

図2－11　哺乳類の歯並びの基本型
（左側から見たところ）

「顔が誕生した……、動物には当たり前のようにあるものだと思っていたけど、これもまた、進化の結果生まれたものなんですね」

「そのとおり。外部の環境からの情報を迅速に受け取って処理し、判断した情報にしたがって適切に行動するために、脳もまた、体の前方で発達していく。このように、情報処理を担当する各器官がからだの前方に集中することを**頭化**とよんでいる（図２-10参照）」

「動物のからだの前と後ろを決めることも、積極的に食物を食べ、能動的な『うんち』を排泄することと関係しているんだね。そういえば、受動的な『うんち』をする海綿動物の体の構造（体制）には前後という方向性がないし、速い移動もしないなあ」

顎と歯を獲得した動物が進化する過程では、個別の歯もまた、それぞれの役割を分担するように進化していきました。初期の歯は、皮膚から進化したと考えられています。口の周囲に発達した歯は当初、どれも単純な円錐形のようなものでしたが、その後、どんなものを食べるかによって、それぞれの歯の形はさまざまに変化していきました。

たとえば哺乳類では、門歯、犬歯、前臼歯（ぜんきゅうし）、後臼歯（こうきゅうし）というように分かれています（図２-11）。食物を門歯で切り、犬歯と前臼歯で引き裂き、そして、後臼歯ですりつぶす、というように分業し、食べ物を効率的に**物理的消化**できるように進化してきたのです。このように、口で食物を噛むところから、「うんち」の誕生とその進化がすでに始まっているといえます。

少し壮大になりすぎたと感じたのか、ミエルダが身近な話をしてくれました。

「人間の社会では食事のとき、子どもが慌ててご飯をあまり噛まずに食べていると、お母さんやお父さんから『よく噛んで食べなさい』と言われるんだ。確かに、毎日の食事においてよく噛むことは、消化のために――それはつまり、エネルギーを効率的に得るために、ということなのだが――必要なことだとわかっている。そして同時に、生き物が長い時間をかけて進化し、能動的な『うんち』を生み出すようになった過程においても、よく噛むことはとても大切だったということだね」

「そうか、虫歯にならないようにしっかり歯磨きするのが大事なのも、食べ、生きていくうえで歯が大切だからなんだね」

物理的消化と化学的消化——絶妙なコンビネーション

「食物を噛むことで物理的に消化し、『うんち』づくりが開始される。すると、その次のステップは**化学的消化**だね」

消化管についてひと通り学んでいるうんち君の得意げな言葉を受けて、ミエルダは少したしなめるようにこう言いました。

「次のステップというのは少し不正確かもしれないな。というのも、化学的消化は、口の中で食物を噛んでいる時点からすでに始まっているんだ。そして面白いことに、食物中の栄養素によって、消化管での消化・吸収の方法も違ってくるんだよ。炭水化物から順に見ていこう」

哺乳類では、炭水化物をどう消化しているのでしょうか。

口の中で食べ物を噛んでいる際に出てくる唾液は、消化管と連結している唾液腺から分泌されます。噛めば噛むほど食物は破砕され、食物粥となって、唾液と接する面積が増えていきます。唾液に含まれているアミラーゼとよばれる酵素は、多糖類であるデンプンを分解し、二糖類のマルトースへと変化させます。この段階では、すべてのデンプンがマルトースになるわけではなく、単糖類がたくさんつながった多糖類もまだ残っています。

食物粥に含まれた炭水化物は胃を通り、十二指腸へ到達すると、膵臓から消化管に分泌された膵液に含まれるアミラーゼによって再度、多糖類がマルトースに分解されます。食物粥が小腸へ進むと、こんどは小腸の絨毛膜表面にある酵素・マルターゼがはたらき、マルトースが単糖類のグルコースに分解されていきます。さらに、食物に含まれている別の二糖類であるスクロースは、小腸絨毛膜の表面にある酵素・スクラーゼによって単糖類に分解されます。

炭水化物は、このように単糖類に分解されることで、小腸から吸収されます。小腸絨毛膜の表面でも反応が起こるのは、生成された糖類が腸内細菌に食べられる前に、小腸で効率よく吸収しようとしているからです。また一つ、新たな知識を勉強したうんち君が感慨深げに言いました。

「つまり、噛むことによる物理的消化は、小腸までのあいだに段階的に進んでいく化学的消化を助けているんだね。炭水化物だけを見ても、たくさんの酵素が消化管のいろいろな場所ではたらいていて、最終的にはユニットの分子である単糖類に分解されて初めて、小腸で栄養素として吸収されるんだ。小腸では、腸内細菌に食べられる前に栄養素を吸収する工夫までしているんだね。生物ってすごいんだな」

 絶え間なく「うんち」をつくる営み

次にタンパク質の消化を見てみましょう。……おや、ミエルダがもう話しはじめていますね。

「タンパク質が最初に消化される場所は**胃**だ。胃壁から分泌される胃液に含まれる酵素・ペプシ

ンは、食物に含まれるタンパク質中のアミノ酸の鎖を短く切断して、ポリペプチドにする。さらに、十二指腸で分泌される膵液中には、酵素であるトリプシンやキモトリプシンが含まれ、ポリペプチドをもっと短く切断していく。加えて、小腸絨毛膜での酵素・ペプチダーゼのはたらきによって、短くなったペプチドが個々のアミノ酸に分解されて、小腸から吸収されることになるんだ」

「タンパク質も、最終的には構成ユニットであるアミノ酸に分解されて初めて、小腸で栄養素として吸収されるんだね。アミノ酸も、腸内細菌に食べられないように小腸絨毛膜で生成され、すぐに吸収されるんだね？」

うなずいたミエルダが、三つめの栄養素である脂質の化学的消化について、語りはじめました。

「食物に含まれる脂質の構造は、一つのグリセリンに三つの脂肪酸が結合していて、十二指腸に到達するまでは分解されないんだ。しかし、肝臓でつくられ、十二指腸から分泌された胆汁に含まれる胆汁酸は、界面活性剤としてはたらき、脂質を**乳化**させる。その反応によって、脂質1分子からできた脂肪酸2分子とモノグリセリド1分子が、小腸から吸収されるんだ」

「乳化」とは、胆汁酸の疎水性の部分が脂質分子を取り囲み、親水性の部分がそれを覆う小滴をたくさん形成することです。胆汁と同時に分泌された膵液に含まれる脂質分解酵素・リパーゼがはたらきやすくするための反応で、親水性の部分にリパーゼが作用し、脂質の分解が促進されます。

ミエルダが続けます。

「さらに、未消化物中のさまざまな成分が、大腸に寄生している腸内細菌によって分解されることになる。『うんち』には、腸内細菌が合成して放出したものも含まれているという話は、以前にもしたよね」

「生き物の消化管では、食べ物が口に入ってから肛門を出るまで、絶え間なく『うんち』の成分をつくっているんだね。僕たちはすごいプロセスを経て、この世に生まれてきたんだなあ」

軟便や下痢便になる理由

ミエルダが少し表情を硬くし、あらたまったようすでこう言いました。

「消化管は、生き物にとって最も重要な器官の一つだ。消化管の動きは蠕動運動といわれ、輪走筋（りんそうきん）と縦走筋（じゅうそうきん）の二つの平滑筋の収縮と弛緩（しかん）によって起こる（79ページ図2－5参照）。この収縮は、自律神経系によって調節されていて、蠕動運動は不随意的に起こるんだ。したがって、消化管中の食物粥の移動も、蠕動運動によって促進されている」

腸の蠕動運動によって、消化管を通過する食物粥が肛門側へ送られ、能動的に「うんち」がつくられていきます。「うんち」を排泄する際には、大腸の蠕動運動が活発になるため、腸に負担がかかって腹痛を感じることがあります。また、なんらかの原因で腸の蠕動運動が長時間にわたって過剰に活発になると、腸内での食物粥の移動が早くなるために、水分の吸収が十分におこなわれず、水分の多い軟便や下痢便になります。

「さて、うんち君。ここまで話してきたように、顎をもった動物は能動的に食物を食べ、消化・吸収し、能動的に『うんち』をするようになったと考えられる。生き物の進化の結果、食べ物の種類の傾向（食性）も変わってきた。そのため、食性に応じて消化管も多様化し、排泄される『うんち』の状況も変化してきたんだ」

「動物の食性は大まかに、肉食、草食、雑食の3種類に分けられるんでしたね」

「そうだ。動物では、進化の過程でその食性が分化してきた。それにともなって、『うんち』をつくり出す消化管の特徴も変化してきたと考えられているんだ。それらの違いについては、2-5節で詳しく考えることにしよう」

そう言ったミエルダは、うんち君にウインクをしながらこう続けました。

「その前に、少し深い話をしようか」

2-4 個体にとって「うんち」の役割とは？

「生き物自身にとって、『うんち』はどんな役割を果たしているだろうか？」ミエルダはこう問いかけ、もう一言添えました。

「つまり、個体にとっての『うんち』とはなんだろう？」

「え〜と、『うんち』は食物が消化・吸収された結果として排泄されるんだから、生き物が生きている証、ではないでしょうか」

「そうだね、『うんち』はからだの中での代謝の結果としてできた産物を含んでいる。つまり、食物中の物質が、からだの中の物質と入れ替わり、からだを構成していた物質が『うんち』の中に排出される。『うんち』にはまさに、生体物質の移り変わりが刻まれていて、生き物が生きていることが示されているものだといえるね」

便秘を甘く考えない

うんち君がさらに考察を進めます。

「『うんち』にはまた、その生き物自身のからだを構成していた物質だけではなく、寄生している生き物も含まれていますよね。その寄生者のうち腸内細菌は、消化された食物の成分を利用してさまざまな物質を合成し、宿主である腸の側が恩恵を受けることもあるんですよね」

「そのとおり。『うんち』は生きている証であり、同時に、生きていくうえで有用な物質も生み出すものでもあるんだ。哺乳類の腸内細菌には、さまざまなビタミンや乳酸等の発酵物質を産生してくれる善玉菌がいる。また、哺乳類自身では分解できない多糖類のセルロースを分解してくれる腸内細菌も存在する。消化管に共生者を宿らせるというと、宿主にとって食べ物が減るというイメージがあるかもしれないけれど、じつは、自身の食性をさらに広げることができるメリットがあるんだ」

ただし、腸内細菌のなかで悪玉菌の割合が増えたときには注意が必要です。宿主にとって都合の悪い病気を引き起こすことがあるからです。そういうときは、消化管内で食物の消化・吸収や水分の吸収がうまく機能せず、下痢や便秘を起こします。また、前述のとおり、消化管は自律神経系によってコントロールされているので、その個体に精神的なストレスがかかると自律神経系が順調に機能せず、下痢や便秘を起こすこともあります。

便秘とは、排泄が順調に進まないことで、その結果、「うんち」が大腸にたまってしまいます。便秘が起こると、腸内細菌が合成した毒性物質が、大腸の壁から血中に吸収されてからだじゅうをめぐり、体調に異常をきたすこともあります。たとえば、皮膚に老廃物が蓄積して肌が荒れたり、体臭や口臭が強くなったりすることが考えられます。「うんち」として排泄する準備ができたならば、すぐに消化管から排泄したほうがよいのはこのためです。

「うんち」を食べる!?——食糞する動物たち

「ところで」と、ミエルダが話題を変えました。

「『うんち』は排泄された後、排泄した動物に見捨てられるだけではないんだよ」

うんち君は「えっ！」と大きな声を上げ、「どういうこと？」と訊ねました。

「その一つに**食糞**という行動がある。たとえば、草食性のウサギやネズミの仲間では、排泄した後の自分の『うんち』を食べることがあるんだ。第1章で話したクマの冬眠を思い出してごらん。母グマが冬眠中に出産した場合には、冬眠している穴の中で赤ちゃんグマが排泄した『うんち』を母グマが食べてくれていたよね」

「自分や子どもの『うんち』を食べる……！　臭くないのかな……？　『うんち』を食べるということは、『うんち』を食物にして、消化管で再度、消化するということなの？」

怪訝（けげん）な面持ちでうんち君が訊ねます。

「まったくそのとおり。『うんち』を食べ物として口に入れ、ふたたび消化・吸収するんだ。ふしぎな行動に見えるけれど、これにもちゃんとした理由がある。食糞するウサギやネズミの消化管では、大腸の直前で盲腸が発達して袋になっていて、その内部に腸内細菌が生息しているんだ。そこでさまざまな発酵がおこなわれるが、栄養素となる物質は大腸では吸収されず、粘膜で包まれた状態で『うんち』として排泄されてしまう。彼らは、そのような栄養素に富んだ『うんち』を有効利用するために、自らの『うんち』を食べているんだ。そして、食された『うんち』は、胃に到達しても粘膜で包まれているため、ゆっくりと消化されていく」

「『うんち』に残された栄養素をムダにしないために、貴重な食物として再利用しているんだね。どんな味がするのかな？」

うんち君の疑問に、ミエルダは肩をすくめて首を左右に振っています。

「さすがに私にも味はわからないな。でも、現実に食べているのだから、彼らにとって味やにおいは大して気にならないんだろうね。ただ、一般に『うんち』には、腸内細菌が出すにおいや、消化管から分泌される物質のにおいが含まれている。これらのにおいは、『うんち』の落とし主が、同じ動物種の社会や他の動物種との関係を保って生きていくための重要なはたらきをもっていることがわかってきたんだ。『うんち』は、臭いからこそ意味があるといえるんだよ」

ところで、ウサギの仲間で、高山帯に生息するナキウサギも食糞をします。最近の研究により、チベット高原に分布するクチグロナキウサギ（図2-12）は、その生息地周辺で放牧されている家畜のヤクの「うんち」を食べていることが明らかになりました。クチグロナキウサギは冬眠をせず、冬季の代謝率を下げながらも、ヤクの糞に含まれている未消化物を栄養源として、チベット高原の寒冷で過酷な環境を生き抜いていると考えられています。クチグロナキウサギにとって、ヤクの「うんち」のにおいは気にならないのかもしれません。このような種間の食糞は別の動物種でも見られることがあります。

図2－12　ヤクの「うんち」を食べるクチグロナキウサギ
（Alamy ／アフロ）

「『うんち』は、臭いからこそ意味がある」というミエルダの言葉は、うんち君を喜ばせたようです。

「確かに、臭くない『うんち』は見たことがないね。ひょっとしたら、『うんち』は臭くなる方向に進化してきたんじゃないかって思えてきたよ」

「個体にとっての『うんち』は、自身の健康を維持するために能動的に排泄しなければならないものだ。そして、自身の個性を表現するための一種の『分身』であるといってもいいのかもしれない」

反芻の役割――「口から出る」うんちも!?

「分身」という言葉を受けて、うんち君が新たな疑問

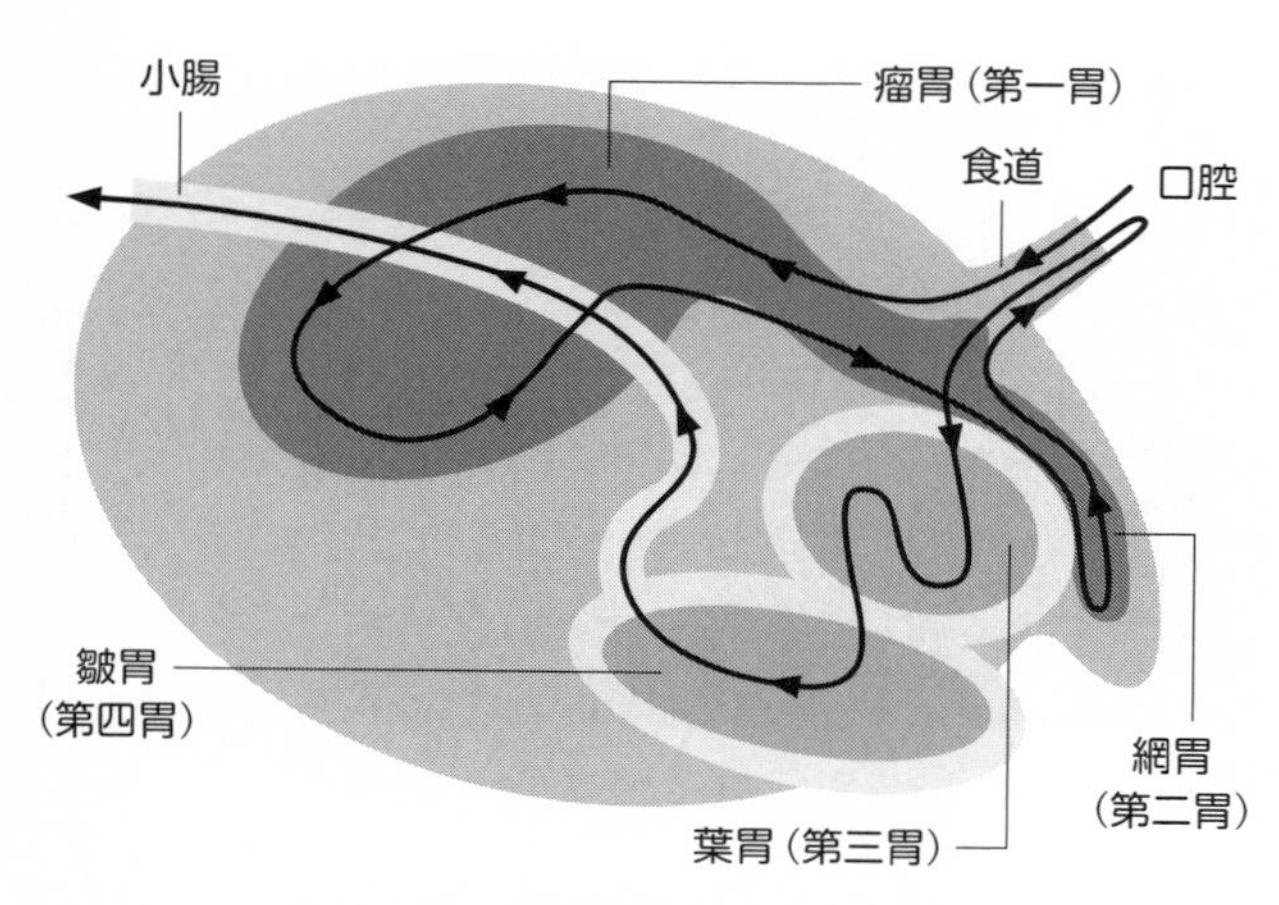

図2−13　反芻動物（ウシ）の4つの胃

を口にしました。

「ウサギやネズミの仲間たちは排泄した分身である『うんち』を再利用することで、最初に食べたときには不十分だった消化を助けているけれど、消化管の中で効率的に消化を助けることはできないの？」

「とてもいい質問だ。実際にそのように進化した動物も存在するんだよ。偶蹄類のウシやヤク、ヒツジの仲間は、胃の内容物を再度、口に戻して消化を助ける反芻という行動をしている。そこから、反芻類ともよばれているんだ」

反芻類の胃は、四つの部屋に分かれています（図2−13）。これら各部屋は、食道側から順に第一胃、第二胃、第三胃、第四胃とよばれ、第一胃から第三胃を「前胃」、第四胃を「後胃」といいます。第四胃には消化酵素を分泌する胃腺があるため、「腺胃」といわれることもあります。第一胃では、腸内細菌や原生生物などが共生しており、炭水化物や脂質を分解したり、メタンを生成したりしています。

これらの共生微生物は、反芻動物が食べた植物性食物から養分をもらって生活しているのですが、微生物自体も胃の中で増殖し、死んでいくため、反芻動物は動物性食物をあえて食物としてとらなくても、共生微生物をタンパク源として生きていくことができます。

食物粥が第一胃から第二胃に移動した後、食道を介して口腔に戻され、再度、咀嚼されて唾液と混合されるのが反芻です。反芻された食物はふたたび食道を通り、こんどは第三胃に入って微生物による発酵が進み、第四胃で消化酵素によって分解されたのちに、小腸へ運ばれます。ミエルダの補足に耳を傾けましょう。

「草食動物は、食物の消化に手間と時間をかける必要があるため、比較的長い消化管をもっているんだ。一方、肉食動物では植物由来のセルロースを分解する必要がないので、彼らの腸管は比較的短い。加えて、肉食動物では盲腸がほとんど発達していないという特徴もある」

「肉食動物には、反芻のような消化を助けるしくみはないの？」

「反芻とは違うけれど、肉食動物は、食物に含まれていた未消化物を口から吐き出すことがある。これを『ペリット』というんだ。たとえば、肉食性鳥類のフクロウの仲間では、食べたネズミ類や小鳥類の消化できない骨、体毛や羽毛、あるいは昆虫の外骨格等を胃からまとめて塊として吐き出す。サギ類やカワセミ類などの肉食性水鳥のペリットには、食べた魚類の骨やうろこが入っている。食肉類のハイエナも、やはり消化できない骨等をペリットとして吐き出すんだよ」

うんち君は目を丸くしています。

「ペリットは、まるで口から出てくる『うんち』みたいだね！」

2-5 何が「うんち」を進化させてきたか

「食べることの進化」と「うんちの進化」の関係を知ったうんち君に、新たな疑問が浮かんできたようです。

「他にも、『うんち』を進化させてきた重要な要因があるんじゃないのかなあ……？」

ミエルダは満足げに、右手であごひげを撫でています。

「『うんち』が進化したということを、受動的な『うんち』から能動的な『うんち』をするようになったととらえることにしてみよう。そうすると、次の三つのことが、『うんち』の進化にとって重要な要因だと考えることができる」

特殊化した消化管——飲み込んだ砂つぶで食物をすりつぶす

「うんちの進化」を促した一つめの要因は、単細胞生物から**多細胞生物への進化**です。

多細胞生物の出現により、第1章で見たように、動物の胚発生の過程で、口と肛門、そして、それをつなぐ消化管が形成されるようになりました。進化の過程で「胚葉」という組織の層が発達していきますが、二胚葉性動物ではまだ消化管が発達しておらず、能動的に食物を採取することができないため、受動的な「うんち」をするのみでした。その後、三胚葉性動物への進化が起こり、体腔がしっかり形成された真体腔動物がその空間を利用して消化管を発達させ、その結果、能動的な「うんち」を排泄することができるようになります。

「うんち」が進化した二つめの要因として、**消化管の多様化**が挙げられます。

真体腔動物になって以降のさらなる消化管の多様化が、顎を獲得してよく噛めるようになり、運動器官や脳を進化させたことと密接に関係していることはすでに見てきたとおりです。消化管はさらに、動物のさまざまな食性に応じるかたちでも進化を遂げてきました。これも先に見たように、哺乳類では一般的に肉食性の動物の消化管は短く、草食性のものは長い傾向にあります。

反芻類であるウシやヤギでは、四つの部屋に分かれた胃の中に単細胞の原生生物や細菌が共生しており、それら細菌のなかには、宿主動物が自身では分解できない植物由来のセルロースを分解できるものが含まれています。加えて、草食性哺乳類の大腸では盲腸が大型化しており、その内部にも微生物が共生しています。「寄生者―宿主」の共生関係が成立したことによって、宿主動物の食性が多様化することができたと考えられます。

「食性の多様化は生き物の生死に直結しているから、もし腸内細菌や原生生物等の寄生者がいなかったら、動物は自然界で生きていけないかもしれませんね。そして、食性の多様化は、消化管の多様化を通じて『うんち』の進化にもつながっている……」

うんち君のつぶやきを肯定するように、ミエルダはうなずきました。

「歯をもたず、くちばしを獲得した鳥類やバッタなどの昆虫の消化管では、食物をいったん蓄積しておく嗉嚢（そのう）や、飲み込んだ砂つぶを食物とすり合わせて破砕する砂嚢（さのう）が発達したんだ。このような消化管の特殊化もまた、『うんち』の形成や排泄に多様性をもたらしてきた」

第三の条件

「うんち」が進化してきた三つめの理由は、**水中から陸上への生活場所の移行**です。

水中は生命の故郷です。そこから出て陸上生活を可能とするためには、水分の損失を防ぐことが第一の課題であったと考えられます。脊椎動物では、魚類のような生き物が四肢を発達させた後、両生類のような生き物がようやく陸上生活を送れるようになり、濡（ぬ）れた皮膚で皮膚呼吸をしながら水辺の近くで生息していました。

やがて、体表からの水分の蒸発を防ぐための厚い皮膚を獲得したことにより、水辺を離れて遠くまで移動できるようになっていきます。先に述べたように、尿の排出によって浸透調節型になったこともその後押しとなりました。加えて、恒温動物へと進化し、さまざまな生息域でエネルギーを獲得できるようになったことで食性が多様化し、水分を保持しながらも形態を保つことのできる「うんち」を能動的に排泄することが可能となりました。ミエルダの力強い声が聞こえてきます。

「哺乳類は四肢を使って、鳥類は翼を使って積極的に移動しながら、『うんち』を分散して排泄できるようになった。つまり、積極的につくられた『うんち』が、さらに積極的に、遠い場所で排泄できるようになったんだ。このようなことは、受動的な排泄をおこなっていた時代の動物には、とうてい不可能だ」

まとめておきましょう。「うんち」を進化させた要因として、①動物の体制の複雑化、②消化管の多様化と腸内微生物などの寄生者との共進化、③陸上生活への移行と多様な生活環境への適応、が重要だったのです。

これら三つの要因による「うんちの進化」が起こったことで、続く第3章で考えるように、個体間や種間においてコミュニケーションの道具として「うんち」が使用されるようになり、さらには、種々の生態系での物質循環にも多様な役割を果たせるようになったと考えられます。

動物はなぜ「拭かない」のか

うんち君にふと、素朴な疑問が浮かびました。

「動物は『うんち』をした後、どうやってお尻をきれいにしているのかな？」

「うんち君、面白いところに気づいたね。たとえば現代のヒトは、『うんち』をした後はトイレットペーパーを使って汚れを拭き取っている。でも、他のすべての動物は、排泄時に何も使わないんだよ」

「どうしてヒトだけが違うの？」

「その理由は、ヒトのからだの構造にあるんじゃないかな。人体の大きな特徴の一つは、**直立二足歩行**をすることだ（図2-14）。直立二足歩行するヒトは、立ったまま排泄すると『うんち』が足についてしまう。そこで、排便する際には座った姿勢をとるのが通常だ。それでも、肛門の周囲を清潔に保つよう、汚れを拭き取る必要があるんだ」

動物園に行く機会があったら、ぜひ一度、じっくり観察してみてください。私たちヒトとは違い、動物たちはトイレットペーパーを使いませんが、肛門の周囲はみなきれいに保たれています。どうしてでしょうか？

ほとんどの哺乳類は、基本的に四足歩行をしています。背骨に対して、後ろ足は股関節から垂直に下がり、足の先が着地しています。肛門は尾の付け根の下に開いており、肛門の周囲には括約筋が発達しています。この発達した括約筋のおかげで、排泄時に勢いをつけて「うんち」を一気に外へ出すことができます。そのため、肛門に「うんち」が付着することがほとんどないのです。

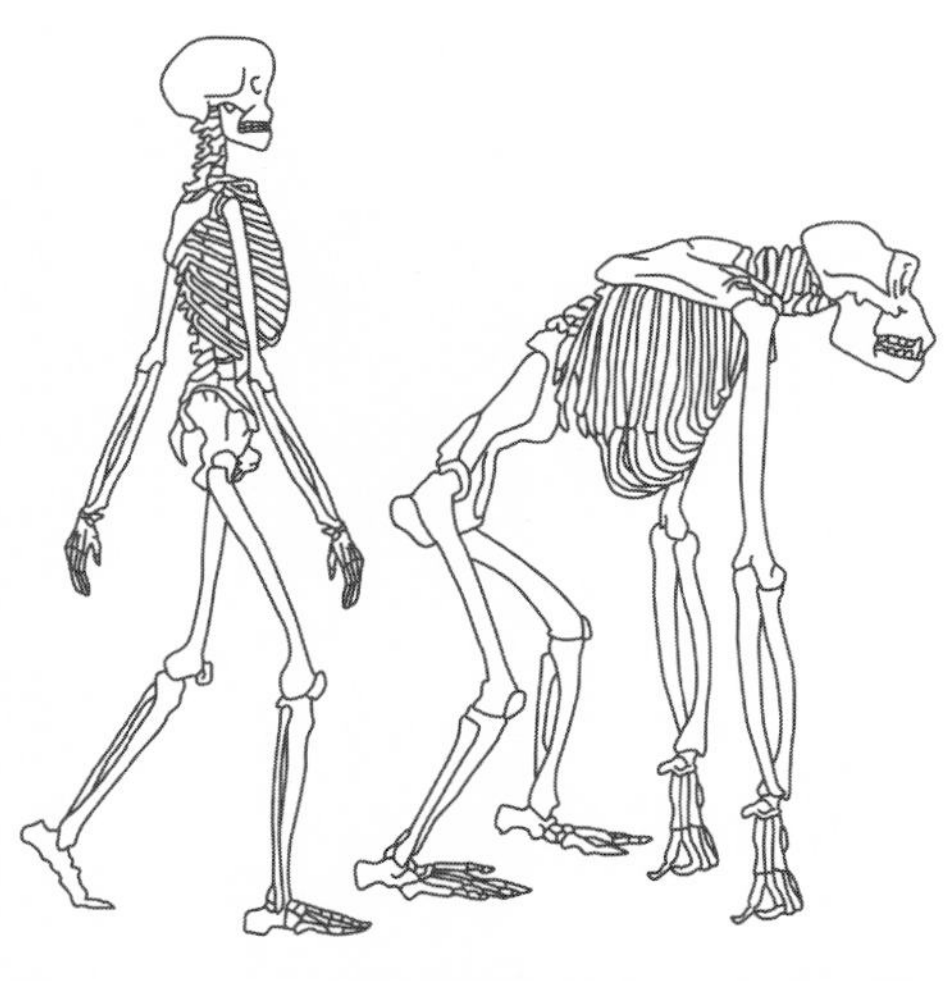

図２−14　ヒトの直立二足歩行とゴリラの四足歩行

これに対し、ヒトの肛門は外側ではなく下を向いており、括約筋も他の哺乳類と比べて発達していません。そのため、「うんち」が肛門を通る際に十分な勢いをつけることができず、肛門に「うんち」が付着してしまうのです。したがって現代では、トイレットペーパーのお世話になっているというわけです。

もちろん、直立二足歩行が可能になったことで両手が自由となり、さまざまな道具をつくったり扱ったりできるようになったことが、ヒトの進化に大いに貢献したと考えられています。偉大な体制の変化であったことに疑いはありませんが、こと「うんち」をするという面からはデメリットが生じてしまいました。

人類が「拭きはじめた」のは400万年前？

うんち君が、どこか思慮深い表情をしています。

「見方によれば、ヒトは『うんち』をうまく排泄することができなくなってしまった生き物といえるのかもしれませんね」

「確かにそうかもしれないね」とミエルダも同意します。

「そんなヒトは、いつからトイレットペーパーを使うようになったの？」

「難しい問いかけだね……。二足歩行するようになって以降のことであるのは確かだろうけど」

これまでの研究によれば、ヒトに最も近い哺乳類はチンパンジーだとされています。ヒトの祖先とチンパンジーの祖先は今から約700万年前に分かれ、以後、それぞれ独自に進化してきました。両者の祖先が分岐してから現在のヒトにいたるまで、じつに20種以上の人類が登場しましたが、現在はホモ・サピエンス（現生人類）1種のみが生存しています（図2-15）。

その人類進化の過程で、最初に直立二足歩行を始めたのは、約400万年前のアウストラロピテクス・アファーレンシス（猿人）だといわれています。猿人の後の時代に進化したホモ・エレクトス（原人）やホモ・ネアンデルターレンシス（旧人）も、直立二足歩行していたと考えられ

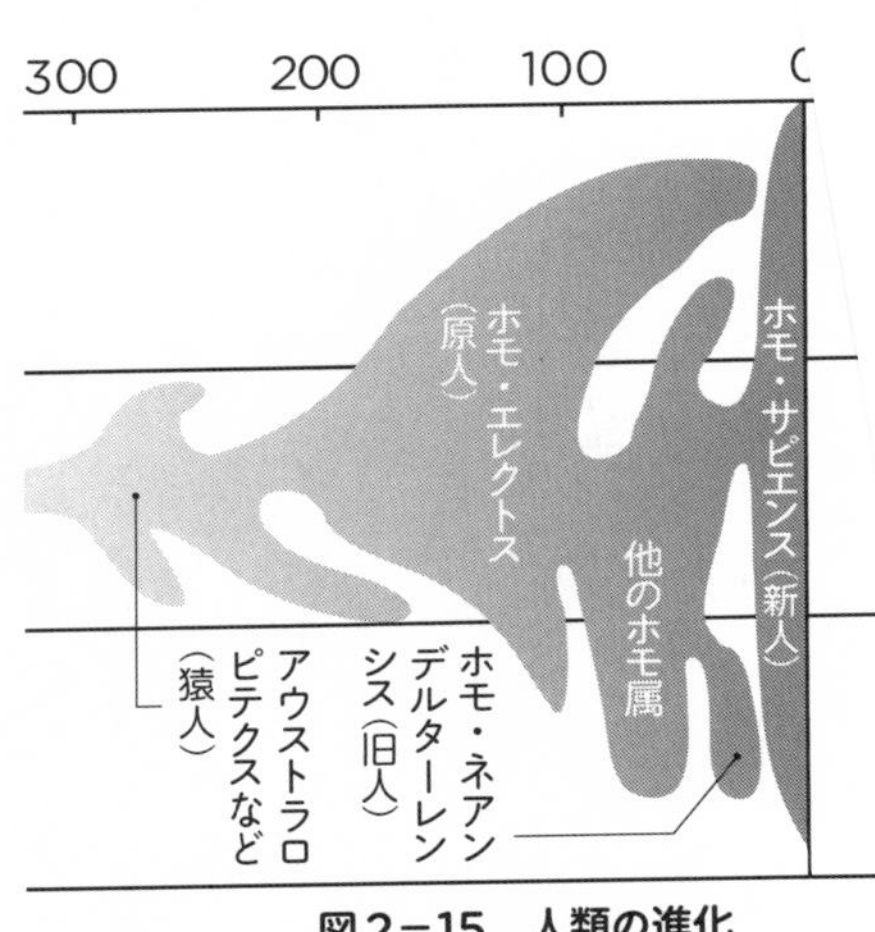

図２−15　人類の進化

時代から、『うんち』は肛門に付着し
ということだよね？」
ち君が、さも名推理をしたという表情でいました。

「そうかもしれないね。ただし、話はそう単純ではないんだ。直立二足歩行していても、猿人の括約筋は現生人類より発達していたかもしれないし、現代人のような軟らかい加工食物は食べていなかっただろうから、『うんち』の排泄後に肛門を何かで拭う必要は、猿人にはなかった可能性もある。いずれにしても、今となっては、彼らがどのようにしていたかは確認のしようがない」

「紙」ができるまで

うんち君は諦めがつかないようです。

「う〜ん、ヒトの祖先の『うんち』は、どのように排泄されていたんだろう？　北京原人やジャワ原人、ネアンデルタール人の『うんち』はどのようなもので、排泄後はどうしていたのか？　気になるなあ……。でも、『うんち』の成り立ちを考えることは、人類の進化を考えることでもあるんだね。ミエルダさんはさっき、動物の『うんち』は個体間や種間のコミュニケーションのためにも利用されているって言ってたけど、人類が進化する過程で、人類の『うんち』もそんなふうに使われてきたのかな？」

うんち君の疑問はとても素晴らしいものですが、ことコミュニケーションに関して、人類の進化においては、言語の発達がきわめて重要な役割を果たしてきたと考えられます。言語によるコミュニケーションが発達することで、格段に広い地域にまたがって情報伝達することが可能になります。また、それを時間の変遷や世代を超えて伝えることができます。

それに対して、「うんち」による情報伝達は、主としてなわばり区域の提示や個体識別であり、その情報は「うんち」周辺の狭い地域のみに、そして、「うんち」が自然に分解される短期間のみに限定されることになります。人類が言語によるコミュニケーションの方法を発達させればさせるほど、「うんち」の個性的なにおいを用いた情報交換の重要度は下がっていった可能性が高いと考えられます。

「そうか、人類では『うんち』による情報交換は徐々に不要になっていったのか……。ヒトにはにおいを出す肛門腺もないというし、他の動物に比べて嗅覚も発達していないというけど、コミュニケーションツールとしての『うんち』を使わなくなったことが、その原因なのかもしれないなあ。だから、現代人の社会では『うんち』の重要性が認識されず、不要な汚物として軽んじられているんですね」

寂しげな表情をしているうんち君は、ミエルダと出会う直前に、通りがかりの子どもたちに「臭い、汚い！」と笑われたことを思い出しているのかもしれません。

それにしても、ヒトはいつから排泄後の肛門をきれいにするようになったのでしょうか？　永遠に謎の解けない問いかけかもしれません。霊長類におけるコミュニケーションの発達と「うんちの役割」との関係について研究が進めば、人類にとっての「うんちの役割の進化」をひもとくためのヒントが得られるかもしれませんね。

現代社会では温水洗浄便座が開発され、多くの人がその恩恵に浴していますが、それ以前からトイレットペーパーが使用されてきました。トイレットペーパーがない時代には、複雑な加工を必要としない植物の葉や木片、あるいは、第1章で登場した「海綿動物」の繊維でつくられたスポンジなどが、〝トイレットペーパー〟としての役割を果たしていたと考えられています。

紙の開発は文字や文化の発達に結びついていますが、排泄の文化にも大いなる影響を与えたといっても過言ではないでしょう。直立二足歩行の結果、ヒトは肛門を清潔に保つためになんらかの方法で「拭く」ことを強いられる生き物になりましたが、その二足歩行によって自由を得た長い前足、すなわち腕を用いてさまざまな道具や機械をつくることができるようになりました。そうして自ら生み出した紙によって、排泄の処理の仕方を進化させてきたのです。

じつに面白いことだと思いませんか？

腸内細菌叢は3度変わる

本章を締めくくるにあたって、ヒトの食生活の変遷を振り返っておきましょう。

私たちヒトの食生活の様式には過去、少なくとも3回の大きな変化が起こっています。それら3度にわたる変化は、腸内細菌叢（多様性）の変化を促し、「うんちの進化」にも多大な影響を与えてきたと考えられます。

最初の変化として、ヒトが「火」を利用し、加熱調理ができるようになったことが挙げられます。

日本では、遅くとも縄文時代には火を使用していた証拠が確認されています。加熱調理により、食べ物の食感や味を変えることができ、食物の種類や栄養素の構造にも変化が起こり、腸内細菌叢にも変化が及んだと推測されます。

2回めは、狩猟・遊牧生活から農耕定住生活への変化です。動物性タンパク質が多い食事から、穀物などの炭水化物が多い食事へと変わりました。日本では、縄文時代から弥生時代への移行期に重なるといってよいでしょう。

３回めの変化は、医療が発展した過去約１００年前からの生活です。特に、抗生物質の発見とその使用により、それ以前の腸内細菌叢とは大きく変化したと考えられます。

＊

本章で詳しく見てきたように、生き物全体の進化と「うんちの進化」の関係は切っても切り離せないほど深く、密接なものです。本章では、個々の生き物のからだの中で、「うんち」がどのようにつくられるのか、そして、からだにとってどのような役割を果たしているのかを見てきました。

続く第3章では、個体間や集団のなかで「うんち」がどのように役立っているのか、さらに深く考えることにしましょう。〝落とし主〟の個性を反映した物質とにおいを有する「うんち」は、まさに動物個体の「分身」といえる存在です。

「うんち」は、動物社会や生物群集（複数の種の集まり）において、コミュニケーションの手段として利用されているのです。

集団にとっての「うんち」
——果たして「役に立つ」のか

3-1 集団にとって「うんち」とは何か

ミエルダは立ち上がり、例の古いカバンを肩に掛けなおして、うんち君とともに緑の森の小道を先へと進んでいます。二人はやがて、「うんち」と生き物の集団との関係を考えはじめました。

「これまでに教えてもらった話で、すべての生き物がからだの中で『うんち』をつくり、体外へ排泄していることがわかりました。そして、『うんち』ができること自体が、各個体にとって役立っていることも。でも、たくさんの個体が集まって生活している動物集団では、ある個体が排泄した『うんち』は、他の個体にとってどんな存在なんでしょうか？　役立っているのか、それとも、やっぱり迷惑なものなのか……？」

うんち君の「うんち」に対する疑問は、汲（く）めども尽きぬ泉のように滾々（こんこん）と湧き出てくるようです。

「うんち」の「個性」

ミエルダは、いつものように右手であごひげを撫でながら話しています。

「第2章では、食物が消化管を通っていく過程で——それはすなわち、『うんち』ができていく過程でもあるわけだけど——さまざまな反応が起こっていることがわかったね。『うんち』には、食物の成分やからだの成分が変化した代謝産物、さらには腸内細菌が合成・放出した物質が含まれていた。それらのなかには、『うんち』として外部に排泄された後、においとしてすぐに空中へ広がって、感知される物質がたくさん含まれていることもわかってきたんだ」

うんち君は強くうなずいています。

「どんな『うんち』にもにおいがあり、それは〝落とし主〟にとっての個性、あるいは『分身』といってもよいものでしたね。そのにおいの成分の種類や各成分の割合が、生き物の個体間や種間で異なっていることも伺いました。さらには、同じ個体から排泄される『うんち』であっても、その日に食べたものや体調によって、色やにおいが違ってくる。『うんち』のどれ一つをとっても、同じにおいや色合いをもつものはない、ということですよね」

「そのとおり。同じ個体でも、たとえば食べてから排泄までの時間が異なるだけで、『うんち』の状態は違ってくる。また、同じ動物種のなかでも、大人（成獣）と子ども（幼獣）の『うんち』の状態は違うし、生活している地域ごとに食物が異なるので、やはり『うんち』の色やにおいに違いが生じてくるんだ。動物の種が異なってくれば、肉食、草食、雑食といった食性も変わるから、これまた当然の結果として、『うんち』の色や形、大きさ、においなどの特徴はさまざまに異なってくる」

自分の「うんち」、他人の「うんち」

「個体が違えば『うんち』の特徴が違ってくる……。だとすると、自分自身の『うんち』、個体間の『うんち』、同じ集団内や種内という仲間の『うんち』、さらには異なる動物種間の『うんち』は、どのように区別しているの？」

またもやうんち君の鋭い質問です。「うんち」には確かに個体差がありますが、同じ種であれば、ある程度は同じような食物をとっているはずです。したがって、消化管の中でも同じような代謝反応が起こっていると考えられます。

また、第1章で見てきたように、代謝に関与する酵素はタンパク質でできており、そのタンパク質は遺伝子の指令に基づいてつくられています。同じ動物種であれば、どの個体も似たような遺伝子の構成をしていますから、同一ないしは類似した酵素を用いて、同じような代謝がおこなわれていることでしょう。

したがって、同種内では、ある程度の個体間の多様性はあるにしても、「うんち」の成分は似通っているといえます。そのため、「種として特徴的なうんちのにおい」を発することになります。つまり、似たような遺伝子をもっている同種の動物たちは、「うんちのにおい」を利用して、仲間どうしのコミュニケーションをしたり、別種の動物の存在を認識したりすることもできると考えられます。ミエルダが言います。

「さらに補足すれば、家族内や親類どうしでは、『うんち』の特徴が他の個体のものに比べてさらに似てくるということだ。一緒に住んでいる家族のメンバーは、同じ食物を食べることが多いだろう。からだを構成している遺伝的要因や食物などの環境要因が類似することで、結果として、よく似た『うんち』をつくることになる」

あごひげを撫でながらミエルダが続けます。

「第2章で話した腸内細菌のことを思い出してごらん。哺乳類や鳥類では、子どもが親に育てられはじめると、腸内細菌を受け継ぐことになるんだったね。この現象は遺伝とは異なるけれど、共生細菌による**腸内環境**の大半が親から子どもに伝えられているともいえる」

「はっ！」と何かに気づいたようすのうんち君が、その先を引き取りました。

「わかった！　親子のあいだでは、『うんち』のもとになる食べ物の種類（食性）も同じうえ

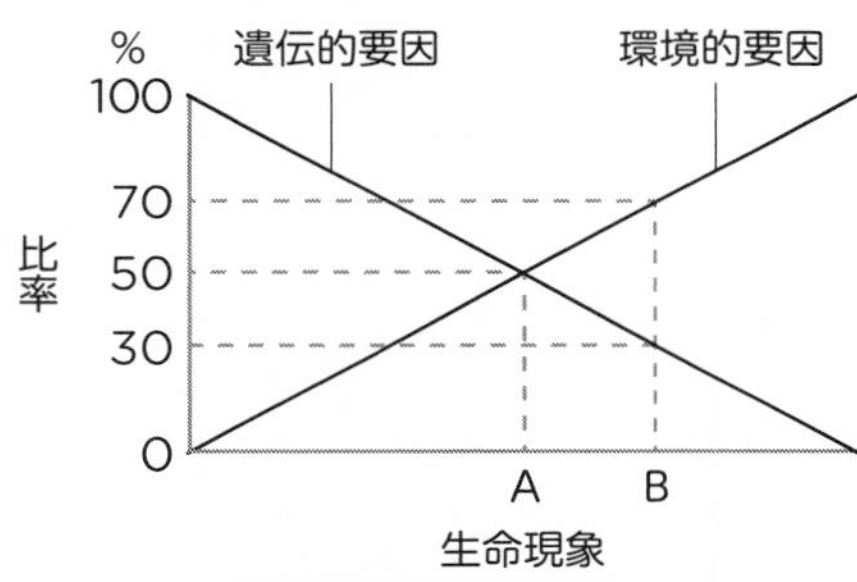

図3−1　生命現象における遺伝的要因と環境的要因の比率の関係　たとえば、現象Aでは両要因がそれぞれ50％関わっており、現象Bでは遺伝的要因が30％、および環境的要因が70％関わっていることを示す。うんちの状態については、日々の健康状態や食物、腸内細菌に依存するため、横軸の左右間を揺れ動く

に、腸内環境も似通ってくる。だから、ますます同じような『うんち』をするようになるんだね。そしてその『におい』もますます似てくる」

「そのとおりだよ。生き物はみな、親から受け継いだ遺伝的要因と環境的要因のバランスのなかで生きている（図3－1）。『うんち』は、その両者の影響を受けてつくられ、排泄されているんだ」

「うんち」の「追加フレーバー」——わざわざにおいをプラスする理由

うんち君は以前にミエルダの言った言葉を思い出しました。

「『うんち』は単に自分が食べた物だけではなく、遺伝と環境の作用の結果つくられる……。だからミエルダさんは『分身』だと言ったんだね！」

「まさにそのとおりだよ、うんち君。遺伝と環境の作用のバランスの度合いが、遺伝的に近縁な個体間では小さく、異なる動物種間では大きい、ととらえることもできる。同じ種内の個体間ではその違いが小さいため、においの違いも小さい。遺伝と環境から受ける影響は、『うんち』を理解するためにも重要なんだ。

ところで、私が『分身』という言葉を使った理由は、もう一つある。じつは、動物は『うんち』にその個性をもたせるために、能動的に別のにおいを加えてデコレーションすることもあるんだ」

「えっ！　『うんち』にはもともとにおいがあるのに、さらににおいを付け加えるの？　そこまでして個性をもたせるのが、そんなに重要なの？」

「ああ。においを多様化させることで、音声や身振りなどの行動では表せない信号を出しているんだ。動物たちには、自分の分身としての『うんち』の個性を強調したいという欲求がある。『分身』という言葉を使ったのは、このことを紹介したいと考えていたからでもあるんだ」

「どのようにして『うんち』ににおいを付け足すの？」

　ここに、**臭腺**という分泌器官が登場します。哺乳類には、皮膚のさまざまな部分に臭腺があり、この器官で「におい物質」が生成・放出されます。

　このような臭腺の一つに、肛門付近に形成される**肛門腺**があります（図３－２）。「うん

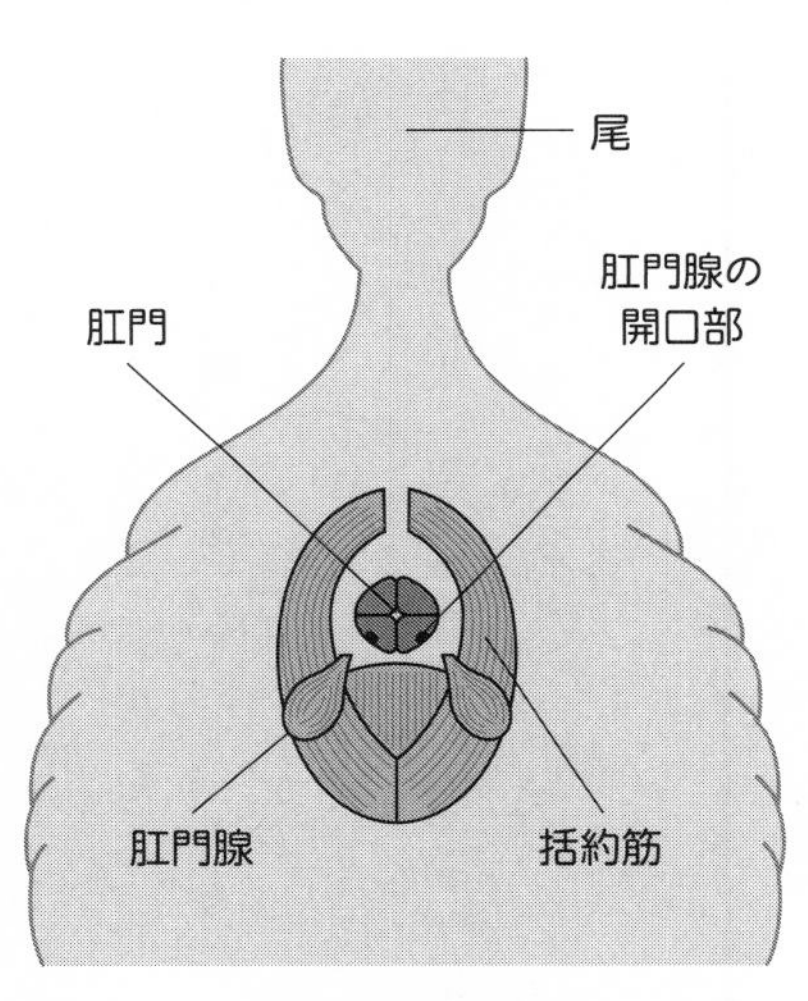

図3－2　イヌの肛門腺（背後から見た図）

ち」が排泄される際に、肛門腺から「におい物質」が分泌され、「うんち」の表面に付着するのです。このにおい物質が追加されることにより、「うんち」にもともと含まれる物質のにおいとともに、「うんち」の総合的なにおいの個性が完成します。

じつはヒトでは、この肛門腺が退化しています。ヒトは、豊かな表情や行動によって個性を表すことができ、視覚を用いてコミュニケーションする手段をもっています。加えて、前章で見たように言語によるコミュニケーションが発達したことで、「分身としてのうんち」をコミュニケーションの道具としては使用しなくなったと考えられます。「においの個性化」に力を入れる必要がなくなったのです。

「におい物質」とは?

「動物の肛門腺から放出されるにおい物質には、どのようなものがあるの?」

確かに気になる疑問ですね。ミエルダに聞いてみましょう。

「臭腺に含まれているにおい物質の研究はまだ発展途上だけれど、これまでにわかっている哺乳類のにおい物質としては、種々の**脂肪酸**がある。第2章でも登場した脂肪酸は、脂肪を構成している物質の一つで、炭素がたくさんつながった鎖状の分子なんだ。脂肪酸以外にも、におい物質には、さまざまなアルコールの仲間の分子が含まれている」

ひと口ににおい物質といっても、さまざまな分子から構成されています。多様な物質で構成されてはいるものの、その組み合わせや含有量の割合が、個体ごと／種ごとに異なっているために、個体の個性や種の特徴としてとらえることが可能です。

うんち君が自分のからだをクンクン嗅ぎ回しながら言いました。

「僕自身には『うんちのにおい』の違いがよくわからないけど、きっと、動物たちはそのにおい物質の種類や割合に基づいて、違いを嗅ぎ分けているんだね」

動物には、においを感知する器官があります。脊椎動物では「鼻」、昆虫などの無脊椎動物では「触角」がそのはたらきを担っています。

脊椎動物の鼻の内側にある粘膜には、におい物質の分子に反応する「嗅細胞」がたくさん並んでいます。その細胞の膜には、においの分子を受け取る化学受容体が配置されており、そこににおい分子が結合すると、嗅細胞に電気的信号が生じ、神経線維を介して脳に伝えられ、においが感知されるしくみです。

鼻の中の空間（鼻腔）は、複雑に入り組んだ構造をしています。これは、嗅細胞の数を増やし、微量なにおい物質でも感知できるように進化してきた結果です。

ヒトとイヌを比較した際、イヌのほうが１００万倍以上も嗅覚が鋭いことが知られています。その理由は、ヒトの嗅細胞が約４０００万個であるのに対し、イヌでは約2億〜数億個もあるか

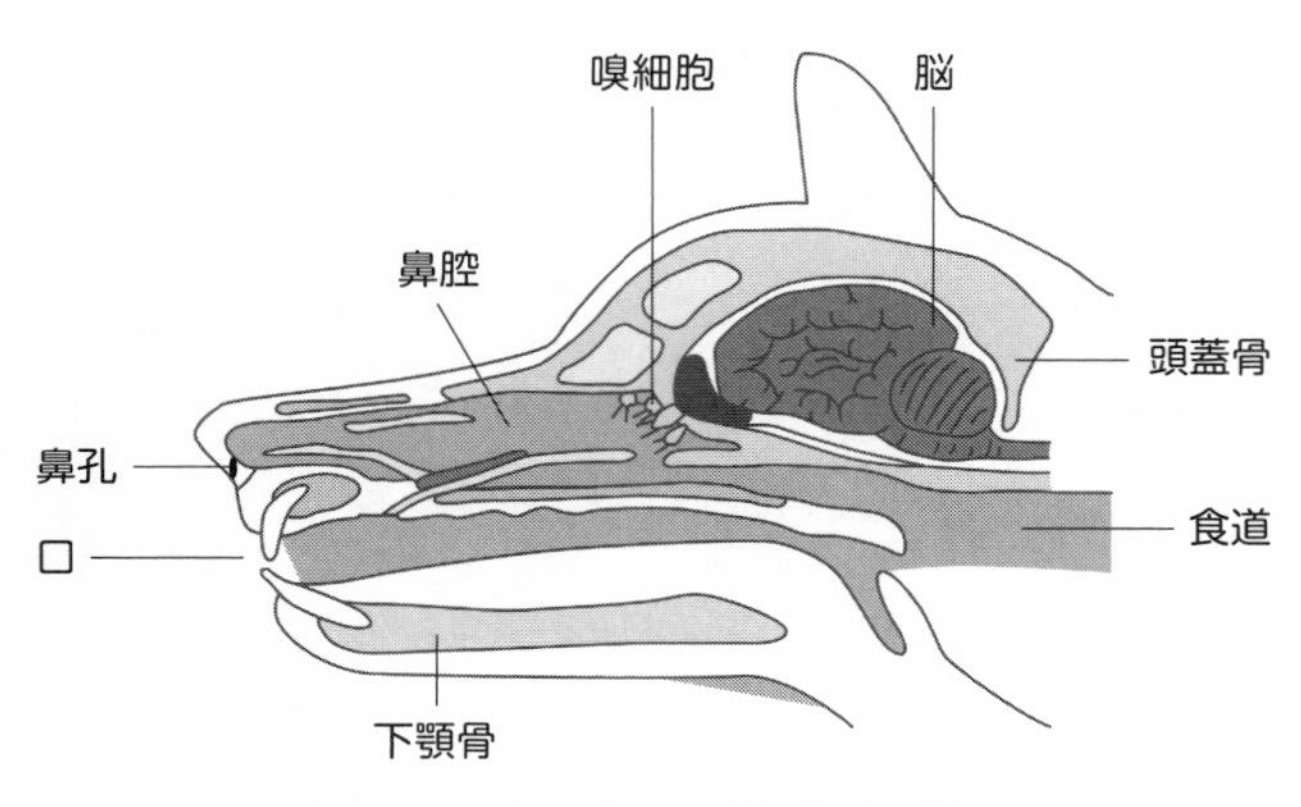

図3−3　イヌの頭の内部と鼻腔の構造

らです（図3−3）。昆虫の触角も、先端がクシ状となって表面積を増したところに、嗅細胞が多数並ぶ構造となっています（図3−4）。

決めては「鼻の形」にあり！

「第2章で話した『頭化』のことを覚えているかい？」

ミエルダの質問に、うんち君が勢いよく答えます。

「もちろん！　動物の感覚器や中枢神経である脳が前方に集まるように進化してきたことだよね。それによって『顔ができた』と聞いて驚いたから、よく覚えているよ」

「じつはその『頭化』が、においをいち早く感知するためにも役立っている。ついさっき、イヌの嗅覚がとても鋭いことを伝えたけれど、それは、イヌの『頭の形』を見れば一目瞭然なんだ。イヌは、鼻が突き出た長細い顔をしているよね。これは、鼻腔を長くしてその空間を広げ、鼻腔表面に並ぶ嗅細胞の数を大幅に増やした結果なんだ（図３－３参照）。イヌの優れた嗅覚は、人間社会で、警察犬や麻薬探知犬、救助犬として活躍の舞台を得ている」

図3－4　カイコガの触角　クシ状の構造にすることで表面積を増やしている（Alamy ／アフロ）

ミエルダの話に、うんち君はイヌとヒトの鼻の形を思い浮かべました。

「確かに、イヌに比べるとヒトの鼻は突き出ていないなあ。だから、嗅細胞の数も少なく、他の動物に比べるとにおいにあまり敏感ではないんだね。もし、ヒトの嗅覚がもっと発達していたなら、『うんち』のにおいを細かく嗅ぎわけることができたかもしれないね」

「さまざまな食文化で多彩な味わいを楽しんだり、香道（こうどう）のように香りを堪能する文化もあったりするように、ヒトもある程度の嗅覚をもっているけれど、他の哺乳類のほうがもっと感度が高い。それは彼らが、『におい』という化学物質を用いてさまざまなコミュニケーションをしていて、嗅覚が発達する方向に進化したからだ。だから、『うんち』もまた、コミュニケーションの道具として有効活用されるようになり、より能動的な『うんち』に変化していったともいえるんだよ」

ヒトでは言語や視覚によるコミュニケーション能力が発達した代わりに、「うんち」を積極的に利用したコミュニケーションは発達しませんでした。ヒト以外の動物はより能動的に「うんち」を利用し、個体情報としてのにおいの産生と発信をおこない、その情報をキャッチする嗅覚受容器も発達したというわけです。その結果、「うんち」を用いた個体間のコミュニケーション様式が発達し、個々が排泄した「うんち」が、個体の集まりである集団にも役立つようになっています。

最近の研究によって、脊椎動物でも無脊椎動物でも、「うんち」の中に含まれている物質やそのにおいが、個体間のコミュニケーションに重要な情報を担っているという興味深い事実が明らかになりつつあります。「うんち」が発するにおいは、実際にどのように利用されているのでしょうか?

各個体から排泄される「うんち」がどのように集団全体の役に立っているのか、次節で具体的に考えていきましょう。

3-2 集団にとって「能動的なうんち」とは？

「動物の『うんち』は、個体間のコミュニケーションで具体的にどんなふうに利用されているの？」

うんち君の問いかけに、ミエルダが答えます。

「たとえば、仲間を集めるために『うんち』が使われているよ」

「えっ？『うんち』で仲間を集める……？　いったいどんな生き物が？」

うんち君は首を傾げています。

「うんち」に含まれるフェロモン

「これまでに知られているそうした生き物の代表は『ゴキブリ』だ。なかでも家屋の中に住んでいる小型のチャバネゴキブリの『うんち』に、仲間を引き寄せる物質が含まれていることが最初にわかったんだ。その物質は**集合フェロモン**と名づけられた。落とされた『うんち』に集合フェロモンが含まれているために、そのにおいをキャッチした同じチャバネゴキブリの別の個体が、においの発生源である『うんち』のところにやってくるんだ」

ゴキブリは通常、物の隙間の薄暗い場所に好んですんでいます。夜間にはエサを求めて単独で行動しますが、最初に隠れ家の隙間へやってきたゴキブリがそこで「うんち」をすると、その「うんち」から発せられた集合フェロモンによって、別の個体がやってきます。その次にやってきたゴキブリが排泄した「うんち」にも集合フェロモンが含まれているため、次々と他の個体を呼び寄せ、集団を形成することになります。このように、集団形成のために個体を集合させる物質であることから、集合フェロモンとよばれるようになりました。

フェロモンとは、動物の個体で合成されて体外に分泌・放出され、同種の他個体に強い生理活性作用を起こす化学物質のことです。カイコガの性フェロモンとして初めて発見され、カイコガの学名（ボンビックス・モリ）にちなんで「ボンビコール」と名づけられました。体内で合成される量はごくわずかなので、その化学的な性質を調べるために膨大な試料が使用されたといわれています。

よく似た言葉に**ホルモン**があります。ホルモンとは、個体の中の分泌腺で合成され、血中に分泌された後に血流で運ばれ、個体内の他の器官に生理活性作用を引き起こす化学物質です。つまり、ホルモンは自分の体内ではたらく一方、フェロモンは同種の他個体にはたらく物質なのです。

フェロモンもまた、分泌腺で合成・分泌されます。チャバネゴキブリの集合フェロモンは、後腸にある器官から分泌されると考えられています。最近では、ゴキブリの腸内細菌の一部が集合フェロモンを合成・放出しているという研究報告もあります。

触角でにおいを嗅ぐ

「その集合フェロモンのにおいは、誰でも感知できるの？」

ミエルダは腕組みをして答えます。

「いい質問だ。そこがフェロモンのいちばんの特徴なのだが、フェロモンは同種のゴキブリにしか感知できないんだ。たとえば、ヒトはそのにおいを感知できないし、たとえ何かにおいを感じたとしても、ゴキブリの『うんち』をめがけて集まる行動を起こすことはない。フェロモンはあくまでも同種のみにはたらき、仲間うちだけに同じような行動を引き起こす物質なんだ」

「どのようにして、同じ種の個体どうしだけが反応するの？」

「う〜ん、これは少し難しい質問だね。まず、他個体の『うんち』から発せられた集合フェロモンをキャッチする必要がある。そのため、ゴキブリの触角には集合フェロモンのみを受け取ることができる受容細胞が並んでいるんだ」

通常、このような受容細胞の細胞膜には、タンパク質でできた受容体が並んでいます。それら受容体に、空中を漂ってきたフェロモンが結合することによって受容細胞内で変化が起こり、信

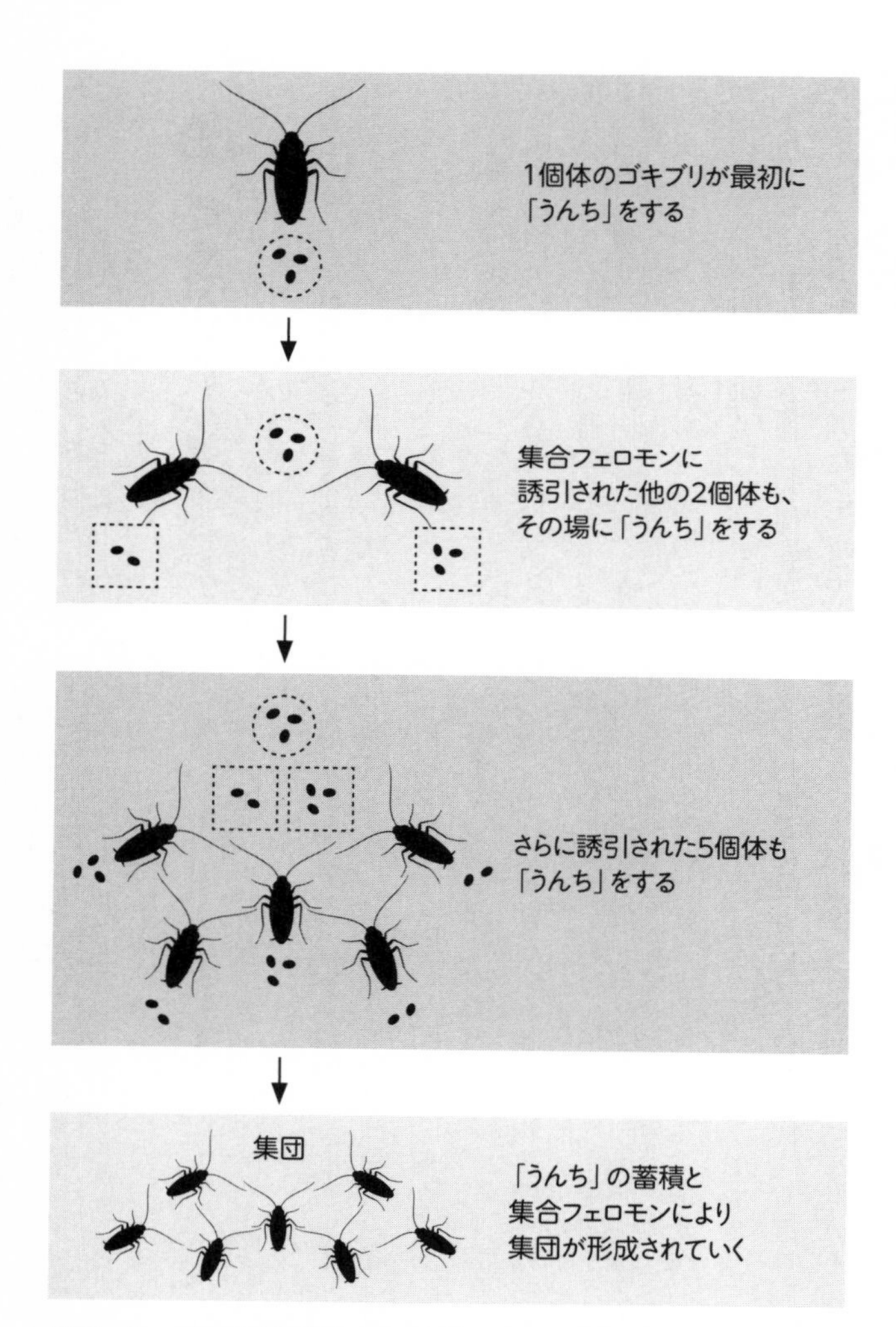

図3－5　ゴキブリの「うんち」から発せられる集合フェロモンが他の個体を次々に誘引する

号が発せられます。その信号は神経線維を伝わって脳に伝えられ、脳でその情報が処理されます。続いてその情報が出力をおこなう運動神経に伝えられ、運動器官である脚の筋肉を収縮させて、集合場所への移動行動を引き起こすのです（図３－５、図３－６）。

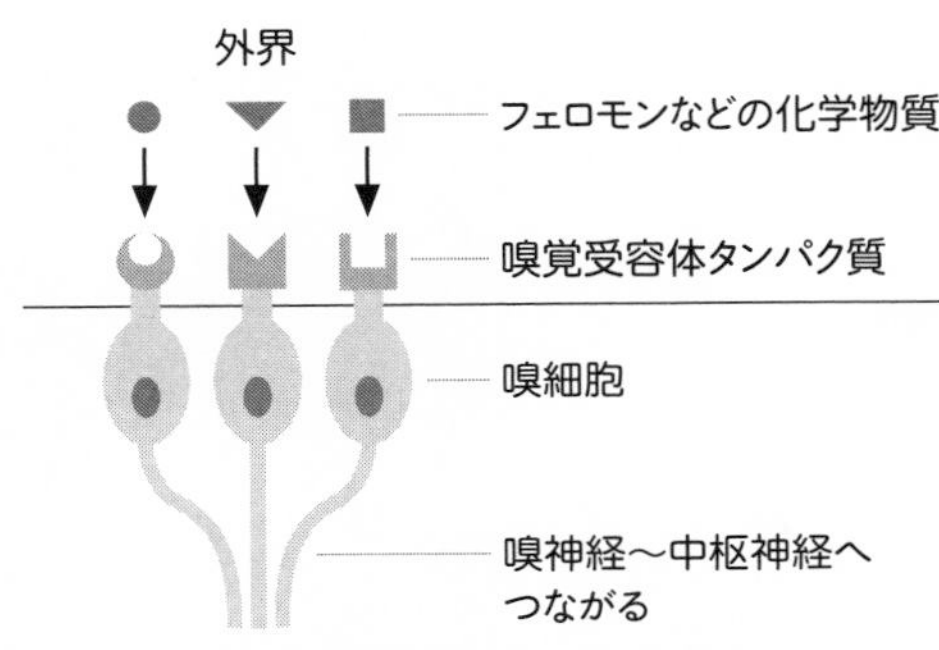

図３－６　嗅細胞の表面にある嗅覚受容体　フェロモンなどの化学物質（におい物質）を受け取るタンパク質が配置されており、両者が結合すると嗅細胞が興奮し、情報を中枢神経へ伝える

集合場所である「うんち」にたどり着いた個体の中でも集合フェロモンが分泌され、その集合フェロモンを含んだ新たな「うんち」が落とされる。その「うんち」が、さらに別の個体を引きつける……という連鎖が起こります。ミエルダに戻しましょう。

「集団が形成されれば交尾がおこなわれ、次の世代を生み出すことができる。たとえ天敵に襲われても、群れでいることで集団として生き延びる可能性が高くなる。このような集合フェロモンに発する一連の行動は、個々のゴキブリが生まれた後の経験から習得したものではなく、生まれる前から備わっている**生得的行動**なんだ。これは、ゴキブリが進化する過程で形成されたものだろう」

うんち君は驚いたようです。

「え～！　ゴキブリは触角で、自分たちのフェロモンだけを感知しているんだ。イヌとは違った方法で、嗅覚を発達させてきたんだね。そして、ゴキブリのフェロモンによる集合行動は、進化の過程で備わったもの……。その一連の行動のなかで、『うんち』は最初の引き金となるフェロモンの運搬役として重要な役割を果たしている。『うんち』ってすごいなあ」

触角はよくアンテナに喩えられますが、フェロモンをキャッチするゴキブリの触角は、いわば人間社会でラジオのアンテナを使ってキャッチできる複数の電波のうち、特定の周波数の電波のみを音声として情報処理するようなもの、といえるかもしれません。

ミエルダがうんち君に同意しています。

「ゴキブリはきわめて能動的な『うんち』を排泄しているんだ。それによって、集団や種の存続にもつながっている。『うんち』は確かにすごい存在だ」

カバの「うんち」活用法

ミエルダがさらに話を広げました。

「『うんち』には別の使い方もあるよ。たとえば、動物が『なわばり』を示す際にも『うんち』が使われることがあるんだ。なわばりとは、他の個体が入ってくることを許さない占有地域のことだ」

　たとえば、アフリカに生息しているカバは、水辺から上がると「うんち」を排泄しながら、短い尾を震わせて「うんち」を四方へ撒き散らします。「うんち」を使って自身のにおいを周囲に漂わせ、なわばりを示す行動です（図3-7）。同様に、野生の食肉類の仲間は、石や倒木などの目立つ場所に「うんち」をして、そのにおいによって自らのなわばりを示します。

図3－7　尻尾を使って「うんち」を撒き散らすカバ
（Minden Pictures ／アフロ）

　一方、イルカやクジラなどの海生哺乳類も個体間でのコミュニケーションをとっていますが、水中に暮らす彼らにとって、におい物質を体外に放出しても水流ですぐに流されるため、化学物質を介した情報伝達の効率はきわめて悪いと考えられます。

　他方、水中における音の伝播速度は速いため、イルカやクジラの仲間は、超音波を用いたエコーロケーションや鳴き声を使って、遠距離の個体のあいだでコミュニケーションをとっています。

ネコの「うんち」活用法

最近の研究では、イエネコのうんちの中に「なわばりを示す物質」が含まれていることが報告されています。その物質は硫黄を含んだ揮発性の化合物で、性フェロモンとしてもはたらき、メスはその「うんち」がオスのものかどうかを識別します。さらに、ネコの「うんち」に含まれている種々の脂肪酸の割合が個体ごとに異なり、他の個体はそれを感知して個体識別していると考えられています。尿に含まれる成分も、重要なはたらきをしています。

また、散歩をしている最中のイヌが、電柱や大きな石に尿をかけたり、からだをこすりつけたりすることがありますが、これも、なわばりを主張するにおい付けの行動です。ペットになったイヌも野生の名残で、「なわばり」を示す行動をとるのです。

イヌではまた、足の裏の肉球にあるエクリン腺（汗腺の一つ）からのにおい物質を地面に擦りつけて、その砂を周囲に撒き散らす行動が知られています。これもまた、なわばりを示していると考えられています。

一方、においを隠すような動物の行動も見られます。たとえば、ネコが砂場で「うんち」をした際には、後ろ足で「うんち」に砂をかけて隠すことがあります。これは、なわばりを示すこととは反対に、「うんち」のにおいを消すことで、自分の存在を周囲に知らせないためだと考えられています。

天敵には自身の存在を知られたくないし、獲物に対しても自らの存在を隠したいのでしょう。そのような場合には「うんち」のにおいは邪魔になり、砂をかけて隠蔽する行動をとることになると考えられます。これもまた、においが自身の存在を示すシグナル、すなわち「分身」となっていることの証拠の一つです。うんち君が感心しています。

「動物は相手の姿を見ずとも、においやフェロモンをシグナルとして使って、個体間のコミュニケーションをはかっているんだね。そして都合が悪い時には、そのにおいを遮断して存在を隠すようにしている。そういう行動のなかで、『うんち』の果たす役割がとても重要なんだね」

3-3 では、ヒトの「うんち」はどう使われている？

「動物たちが積極的に仲間とのコミュニケーションに『うんち』を活用することを見てきたけれど、最後に一風変わった例を確認しておくことにしよう。――ホモ・サピエンス、すなわちヒトだ」

うんち君には、ミエルダの口調が少し変わったように感じられました。

暮らしから消えた「うんち」

現生人類は約20万年前にアフリカで進化し、その後、アフリカを出た集団がユーラシアから新大陸、太平洋の島々へと拡散して、地球上のすみずみにまで生活圏を広げて現在の社会を形成してきました。当初、狩猟・遊牧生活を送っていたヒトは、やがて野生動物の家畜化を開始します。

「ヒトも家畜も、野外で『うんち』をしながら移動生活をしていた。野外に排泄された『うんち』は、植物の栄養源になる。ヒトは移動しながら、ときに同じ場所に戻ってくると、その間に、前の滞在中に排泄した『うんち』によって植物が繁茂し、その恵みを受けることもあったに違いない。当時のヒトはおそらく、すでに『うんち』によるコミュニケーションをとることはなくなっていただろうが、『うんち』が植物を育て、その恵みを得るという循環を生み出していたと推測される」

ミエルダの話に、うんち君が継ぎ穂をします。

「でも、やがて人間社会は狩猟・遊牧生活から農耕・定住生活へと向かったんですよね」

狩猟・遊牧生活においては、「うんち」はまばらに野外に排泄され、そのまま放置しても特に問題は起きなかったでしょう。やがて始まった農耕・定住生活では、それ以前に比べ、ある程度限られた空間のなかで集中的に「うんち」が排泄されることになります。

ヒトや家畜の「うんち」は、農地の肥料として利用されるようになりますが、社会が発展し、特定の地域に人口が集中しはじめると、「うんち」の量は農地の肥料にする許容量を超え、処理しきれなくなっていったと考えられます。

こうして社会問題となった大量の「うんち」は、居住地から離れた場所へ移動させるようになっていきます。かつての日本では、農地に使用される肥料として、個々の農家で「うんち」が利用されていました。「うんち」を蓄積する肥溜め（こえだめ）は、農村風景に当たり前のように溶け込んでいたものです。現在では、人工的に合成された化学肥料がそれに代わり、「うんち」の利用はほとんどなくなりました。

さらに都市化が進むと、大量の「うんち」は「下水処理」によって廃棄されていく運命をたどることになります。水洗トイレの開発・普及も進み、「うんち」は排泄後、すぐに流されるようになりました。その結果、今や個人が自身の「うんち」に向き合う時間はなくなったばかりか、社会として「うんち」を有効利用するという機会がなくなりつつあるのです。

人類特有の「うんち」との関わり

「現代では、ヒトは排泄した『うんち』とはほとんど関わりをもっていないんですね……」

ため息をついたうんち君に、ミエルダがうなずき返します。

「そうだね。ただ、皮肉なことも起こっているんだ。ヒトは一見、『うんち』となるべく関係がないように生活しているけれど、じつは『うんち』を排泄することに関して、野生動物には見られない社会問題が引き起こされているんだよ」

「社会問題？」

「そうなんだ。その一つとして、子どもが学校のトイレで『うんち』をしづらいということが挙げられる。学校のトイレで排便したことが校内で周囲に知れると、子どもの社会ではいじめの対象になることがあるようなんだ。また、公衆トイレなどでは、排便時の音が他者に聞こえないよう、音楽や水流音を流していることもある。さらには、『うんち』のにおいを消す目的で、いろいろな消臭剤が販売されていたりするんだ。これらはどれも、ヒト特有の『うんちを遠ざける』行動といっていいだろう」

うんち君の表情が曇り、今にも泣きだしそうな雰囲気です。

「『うんち』をすることは生き物として当然のことなのに、どうしてそれをいじめの対象にするんだろう？　僕には全然、理解できないよ。『うんちがどのようにしてできてくるか』を知りさえすれば、においあってこその『うんち』の重要性もわかるはずなのに……」

「まったくそのとおりだね、うんち君。でも、さらに別の問題もあるんだ。成人でも、職場等の人間関係によるストレスに起因する自律神経系の不調によって消化管のはたらきに支障を来し、**ストレス性の下痢や便秘**になることが知られているんだ。野生動物の社会では、まず見られない現象だ」

「人間社会では『うんち』が積極的に利用されることはなくなり、他者に向けたコミュニケーション情報として機能することがなくなったのはよく理解できる。でも、『うんち』からの情報を消し去ったり、精神的に『うんち』を排泄しづらい環境が生じているなんて、どう考えても行き過ぎだ……。ヒトは、『うんち』の大切さをもっと知る必要がありますね」

＊

うんち君は、人間社会における「うんち」の扱いやとらえられ方を知って、考え込んでしまいました。しかし、さらに広い視野から「うんち」の役割を考えていくことで、問題解決の糸口が見つかるかもしれません。

そのことも念頭に置きながら、次章では、動物の種間で「うんち」がどのように利用され、役立っているかを考えていくことにしましょう。

第4章

他の生物にとっての「うんち」

――「うんち」を使った巧みな「生き残り」&「情報」戦略

4-1 動物は他種の「うんち」をどのように利用しているのか

第4章では、異なる種の動物どうしが、「うんち」を介してどのような交流をもっているかについて考えていきましょう。

ふたたび立ち上がって歩きだしたミエルダに追いつきながら、うんち君が訊ねます。

「第3章では、『うんち』を使って同じ種の仲間たちと情報交換している動物について話してもらいました。ミエルダさんが言うとおり、まさに『うんち』を『分身』として活用していましたね。とても残念だけど、ヒトの社会では『うんち』をめぐって、ヒト独自のさまざまな問題が生じていることも教わりました。それでは、種の異なる動物どうしのあいだでは、『うんち』はどんな役割を果たしているんでしょう？　やっぱり情報交換等に使われていたりするのかな？」

ミエルダは、いつものようにあごひげを右手で撫でています。

「もちろん、異なる動物種間でも『うんち』は大いに活用されているよ」

「やっぱり！　どんなふうに？」

うんち君は目を輝かせています。

「うんち」を食べる神様

「まず、他の動物にとっての重要な食べ物になっているケースがある。第2章でも、チベット高原で暮らすクチグロナキウサギが、ヤクの『うんち』を食べている『食糞』について紹介したね。他にも、他の動物種の『うんち』を食べている生き物がいるんだよ」

「えっ！　他にもいるの？」

うんち君は思わず立ち止まりました。ミエルダも足をとめて、

「一つは、その名も『フンチュウ（糞虫）』というコガネムシの仲間だ。彼らは、哺乳類が排泄した『うんち』を転がしながら、自分より大きな『うんち』の団子をつくり、土の中に掘った巣に持ち帰ってそこに卵を産む。そして、孵化した幼虫は、その『うんち団子』を食べながら育つんだ。その暮らしぶりから、フンチュウは『フンコロガシ』ともよばれている」

フランスの博物学者、ジャン・アンリ・ファーブル（1823〜1915年）が書いた、有名な『昆虫記』にも、フンチュウの観察記録が出てきますので、お読みになった方もいらっしゃるかもしれません。

古代エジプトでは、フンチュウは「スカラベ」とよばれ、太陽神「ケペリ」を象徴し、生成と創造、再生のシンボルとして崇（あが）められました。ピラミッドの中の壁画や石像として、現在も残っ

ています（図4－1）。動物の「うんち」でつくられる団子は、太陽ととらえられていたのです。

「『うんち』が太陽で、フンチュウが神様だったなんて、すごい話だね！　フンチュウは動物の『うんち』を食べてくれる掃除屋さんなんだなあ」

「ヒグマのうんち」だけを食べる生き物

「その他にも、動物の『うんち』を食べる昆虫がいるよ。たとえばシデムシだ。哺乳類がすんでいるほとんどの場所に、『うんち』を食物にしている生き物がいる。『うんち』の約8割が水分だということを何度も紹介してきたけれど、『うんち』に含まれる水分を求めてやってくるチョウもいるんだ（図4－2）。『うんち』の水分中には、『うんち』をした動物の腸で吸収されなかった糖などの栄養素も含まれているので、チョウはストローのような口吻（こうふん）を使って、動物の『うんち』から栄養素を吸収しているんだ」

図4－1　古代エジプトのスカラベの石像
（大英博物館にて筆者撮影）

「チョウにとっては、動物の『うんち』は美味しいジュースみたいなものなのかな」と、うんち君はうれしそうに言いました。

チョウに加えて、さまざまなハエの仲間たちも「うんち」に集まってきます。なかでも、キバネクロバエという北海道の山の中に生息しているハエは、「ヒグマのうんち」だけに集まるという興味深い習性をもっています。ヒグマの「うんち」に卵を産み、そこで孵化した幼虫が、その「うんち」を食べて育つと考えられています。北海道の雪深い冬のあいだ、ヒグマは冬眠しますが、このハエもまた、幼虫の状態で越冬します。

図4−2　排泄されたばかりのゾウの「うんち」に集まるチョウ（John Warburton-Lee ／アフロ）

　うんち君は、北の大地に暮らすふしぎなハエの生きざまに思いを馳せました。

「このハエは、ヒグマの『うんち』に頼って生きているんだね。きっと、ヒグマの移動にともなって、彼らも移動しているんだろうな」

「このハエが、いつからヒグマの『うんち』を利用しはじめたのかはわからない。でも、確かにうんち君が言うように、ヒグマとキバネクロバエの移動や進化は、互いに影響を及ぼしあっていると考えられる。これも、互いに影響を及ぼしあってともに進化する**共進化**の一例といっていいだろうね」

生態的地位が重なると……?

うんち君はさらに深く、他の動物と「うんち」の関係を知りたいようです。

「他の動物の食べ物になること以外にも、『うんち』は利用されているんですか?」

「さまざまなことに利用されているよ。まず、『うんち』が動物の行動に利用されている例を見てみよう。第3章では、草食哺乳類のカバや、イヌ・ネコのような肉食哺乳類が、同種の他個体になわばりを示すために『うんち』を利用することを見てきた。昆虫でも、集合フェロモンを『うんち』に含ませることで、仲間を集めようとしていたね。動物はさらに、『うんち』を使って、異なる種間の摩擦を避けていることがわかってきているんだ」

「種間の摩擦……?」

戸惑ううんち君に、ミエルダは答えます。

「種の異なる動物のあいだでは、さまざまな摩擦があるんだ。たとえば、からだのサイズが違う生き物どうしなら、小型の種が大型の種を避けるように生活することで、自然に**すみわけ**が進んでいく。また、両種間で食物が重ならない場合には、『捕食―被食の関係』にないかぎり、互いに競争することはないだろう。このようなケースでは、摩擦が生じることはない。でも……」

〝摩擦〟が起こりやすいのは、からだのサイズや食性が互いに類似している場合です。生物が、生活している自然環境のなかで果たしている役割のことを**生態的地位**（**ニッチ**）といいます。

生態的地位が異なれば――つまり、生活する空間や時間、食べるエサなどを互いに避けることができれば、ある限られた空間内でも複数の種が共存することができます。しかし、同じような生態的地位に立つ複数の動物種が同じ場所に生息する際には、両種のあいだで競合が生じます。

そのような競合を避けるために、「うんち」が動物種間の目印として使われているのです。

「うんち」の新しいはたらきを知ったうんち君は、先を促すように「『うんち』が動物種間のケンカを防いでいるの？」と訊ねました。

ライバルの「うんち」にあえて近づく理由

肉食哺乳類の例を見てみましょう。肉食哺乳類は臭腺とよばれる器官が発達しており、におい物質による「うんち」へのマーキング行動をおこないます。

たとえばポーランドでは、肉食哺乳類であるオオヤマネコとキツネが同じ地域に生息していて、同じような生態的地位に立っています。両者はそれぞれ、自身の存在を示すためにさまざま

図4－3　「うんち」の情報を用いて、生態的地位を競い合うオオヤマネコ（右：Nature in Stock ／アフロ）**とキツネ**（左：Bluegreen Pictures ／アフロ）

な地点に「うんち」を排泄します。その「うんち」のにおいによって互いの存在を認識し、「相手のうんち」の上に「自分のうんち」を落として新たににおいを付け直したり、警戒態勢を高めたりすることが知られています（図4－3）。

オオヤマネコのサイズは、キツネの2倍ほどです。そのため、キツネは時として、オオヤマネコに襲われることがあります。しかし、その危険性があるにもかかわらず、キツネはオオヤマネコの「うんち」のにおいに誘われて、近寄っていくことが知られています。なぜでしょうか？

その理由として、オオヤマネコが捕獲・摂食後に食べ残したシカなどの獲物の残骸が、「うんち」の近くにあるかもしれないと、キツネが期待をもって近づいているのではないかと考えられています。つまり、キツネの側から見ると、「オオヤマネコに襲われる身の危険性」が高まることはわかっていても、「エサにありつけるかもしれない」という期待のほうが大きいわけです。このような関係を**トレード・オフの関係**と言います。

一方、シカやレイヨウなどの草食哺乳類は、オオカミやライオンなどの大型肉食哺乳類の「うんち」には近づきません。これもまた、「うんちから発せられるにおい」を感知したうえでの行動です。このように、異なる動物種の「うんち」の情報を用いて、「生き残り」をかけた行動をしている動物たちも多数、存在しているのです。

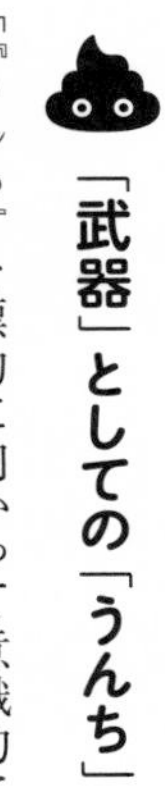

「武器」としての「うんち」

「『うんち』を標的に向かって意識的に排泄し、攻撃に使う生き物もいるんだよ」

ミエルダが、さらに新しい「うんち」の使い方を教えてくれるようです。

「鳥だ。たとえば、春になるとカラスが街路樹に巣をつくり、子育てをすることがある。その時期に神経質になった親カラスは、街路樹の下を歩くヒトに向かって急降下し、攻撃をしかけてくることがあるんだ。その際、ヒトに向けて『うんち』を意識的に排泄することもあるんだよ」

うんち君は眉をひそめました。

「鳥の『うんち』には、不溶性の白い物質『尿酸』が含まれているんでしたよね。それも一緒に降ってくるわけだから、そんなのを浴びたら大変だ……」

ミエルダは、水草が繁茂する近くの池を眺めながら話を続けました。

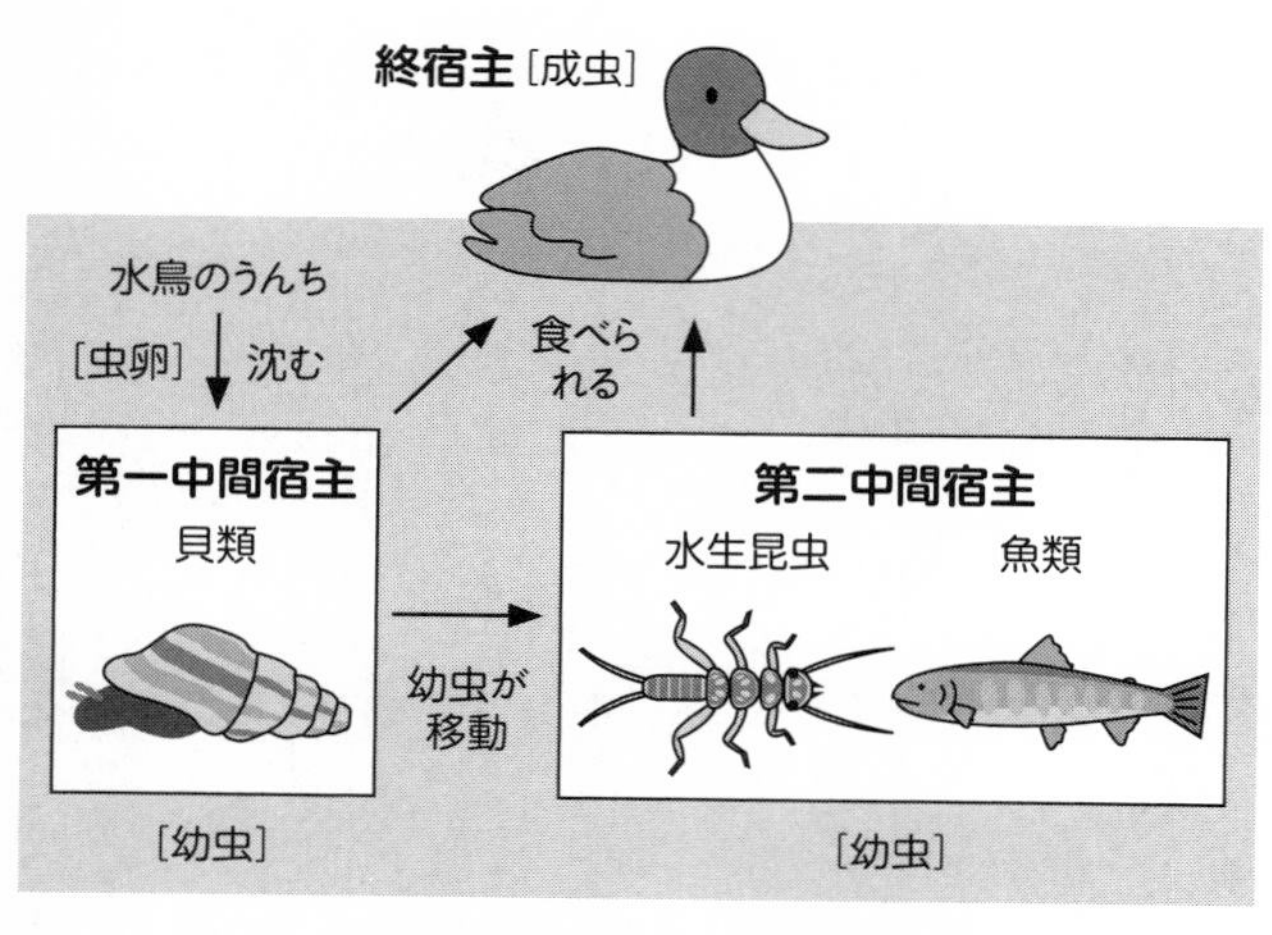

図４－４　水鳥とその「うんち」と、貝類や水生昆虫、魚類と寄生虫との関係

「鳥の『うんち』は他者への攻撃に使われるだけでなく、他の生き物が『世代をつなぐ』ために利用することもある。その利用者は『寄生虫』だ。たとえば、あの池にやってくるガンやカモ等の水鳥の腸内には、『吸虫類』という寄生虫が寄生している。その吸虫類が水鳥の腸内で産卵した虫卵は、『うんち』とともに池や川に落とされていくんだ」

池や川に落ちた水鳥の「うんち」に含まれていた寄生虫の卵は、水生の貝類（「第一中間宿主」という）に取り込まれた後、孵化して幼虫になります。その幼虫は、第一中間宿主である貝類から魚類や水生昆虫（ともに「第二中間宿主」という）の体内に移動し、寄生関係が継続します。そして、第一中間宿主または第二中間宿主がふたたび水鳥（寄生虫がそこで成熟して、産卵できるようになる「終宿主」）に食べられて腸内で成虫になる、というサイクルを繰り返しています（図４－４）。

「水鳥の『うんち』を自らの『世代をつなぐ』ために利用する。寄生虫ってすごいなあ」

うんち君は、吸虫類のしたたかな生存戦略に舌を巻いています。

「うんち」を使って生息域を広げる生き物

「彼らのしたたかさには〝続き〟があるんだ。水鳥のなかには、日本と大陸のあいだを季節ごとに移動する性質をもったものがいるのを知っているかい？　そのような行動を『渡り』とよぶが、渡りをする水鳥は、寄生虫をはるか遠くまで運ぶ役割を果たしている。寄生虫から見れば、自身の分布域を、自力ではとうてい到達できない範囲にまで広げてもらっていることになる。これもまた、寄生虫たちのしたたかな生存戦略の一つなんだ」

「言葉は悪いけれど、寄生虫たちは宿主から排泄される『うんち』を徹底的に使い倒しているんだね。『うんち』はまさに、寄生虫の運搬車だ」

寄生虫は水鳥だけでなく、他のさまざまな哺乳類の「うんち」も利用しています。よく知られた例として、北海道のキタキツネの腸に寄生している条虫「エキノコックス」をご紹介しましょう。エキノコックスはキツネの腸で成虫となって産卵するので、キツネは彼らにとっての終宿主

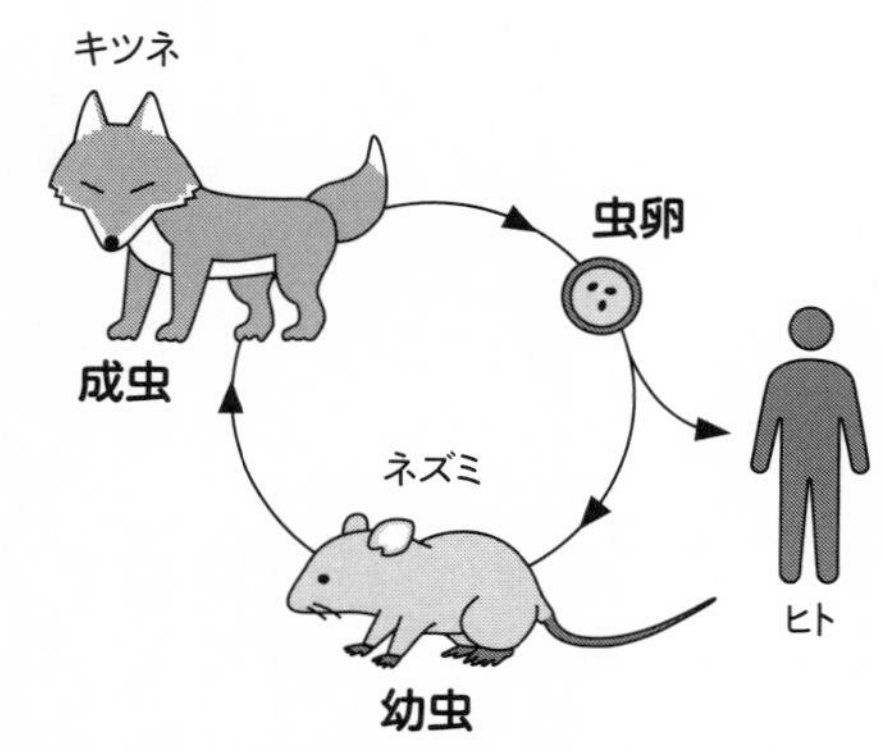

図4−5　寄生者であるエキノコックスと宿主のキツネ、ネズミ、ヒトとの関係

です。

この条虫も水鳥の吸虫も、第1章で登場した扁形動物門に分類され、寄生虫一個体の中に精巣と卵巣をもっています。このような動物のことを**雌雄同体**といいます。

エキノコックスの虫卵を含んだキツネの「うんち」をネズミ類が食べると、ネズミの体内で孵化して幼虫となり、肝臓に寄生して肝機能に障害をもたらします。さらに、そのネズミをキツネが食べると、その幼虫がキツネの腸で成虫になって産卵する、という生活環をもっています。

エキノコックスはイヌ科の動物に特異的に寄生する特徴をもっていて、飼いイヌも終宿主となることがあります。この寄生虫の卵がヒトの消化管に入ると、ネズミ類と同様に中間宿主となり、孵化した幼虫が肝臓に寄生して肝臓の代謝機能に障害を起こすことがあります（図4−5）。

エキノコックスもまた、キツネなどの「うんち」を利用することで、これまで種を存続してきたといえ、やはりしたたかな生存戦略を有しています。その生活サイクルをよく理解して、ヒトのからだに寄生虫やその卵が入らないようにする注意が必要です。

「うんち」に擬態する生き物

ミエルダはふたたび歩きはじめました。どこかいたずらっけのある表情をしています。

「『うんち』の姿をバーチャルに利用している動物がいるのを知っているかな？」

「バーチャル？　どういうことですか？」

「仮想的という意味なんだが、チョウの仲間であるアゲハの『幼虫』の得意技なんだ。アゲハは、おもにミカンなどの柑橘(かんきつ)類や山椒(さんしょう)の木に産卵し、孵化した幼虫はその葉を食べながら脱皮を繰り返して成長していく。幼虫は脱皮をおこなうごとに1齢幼虫から2齢幼虫……と段階を経て、5齢幼虫の次に蛹になる。蛹が羽化することでアゲハの成虫になるこの一連のプロセスを**変態**とよぶ。その際、5齢幼虫では鮮やかな緑色になるのだが、4齢幼虫までは黒地に白い斑紋が見られるんだ。その色合いがなんとも絶妙で、まるで白い尿酸をまとった『鳥のうんち』に見えるんだよ」（図４-６）

うんち君はミエルダに歩調を合わせながら言いました。

「アゲハの幼虫は、わざわざ外見を『鳥のうんち』に似せているのかなあ？」

図4−6　尿酸をまとった「鳥のうんち」のように見えるアゲハの幼虫（高橋孜／アフロ）

「うん、そう考えられている。生き物が、他の生き物や物の形、色などを真似（まね）ることを**擬態**（ぎたい）というが、アゲハの幼虫は『鳥のうんち』に擬態して、天敵から食べられないようにして身を守っていると推測されているんだ。このような現象は**捕食回避**とよばれているよ」

「でも、5齢幼虫ではどうして『うんち』に擬態しないの？」

うんち君、鋭い質問ですね。じつは、その答えはまだわかっていません。しかし、緑色は、彼らの食草である木の葉の上では保護色となっています。蛹になる直前には、葉っぱに擬態しているのかもしれません。

からだを「うんち」に擬態することで、天敵から逃れていると考えられる例が他にもあります。体長が数ミリメートルほどの甲虫の仲間、ムシクソハムシは、自分の「うんち」を背中に背負っているため、外見上はからだ全体が「うんち」のように見えることで知られています。

また、ギンナガゴミグモは、クモの巣に白色の部分をつくり、自身の姿と合わせることで、鳥の「うんち」に擬態しています。これらはいずれも、適応進化の過程で生き物の「うんち」をバーチャルに利用し、捕食回避している例です。

4-2 植物は動物の「うんち」をどのように利用しているのか

「ところで、うんち君」ミエルダが茶目っ気たっぷりに語りかけます。

「動物どうしだけではなく、じつは植物も、動物の『うんち』を利用しているんだよ」

うんち君はふたたび、思わず声を上げました。

「えっ！　どういうこと？」

「動物のうんち」を植物が食べる！

「第1章で見たように、植物は太陽の光エネルギーを利用して、葉で光合成をおこなっている。そして根からは、水分と窒素やリンを含んだ成分を吸収して栄養分にしているんだ。それらの栄養素には、動物が排泄した『うんち』からの成分も含まれているんだよ」

うんち君は「なるほど」と言って、こう続けました。

「植物は自分では動けないから、動物が植物のまわりで『うんち』を排泄してくれれば、植物の栄養分になりやすくなるね」

「そうだね。さらに、地表だけではなく、土の中にも小さな動物がたくさんいる。そのような生き物は**土壌動物**といわれている。彼らは、腐った枯れ葉や他の生き物の死体などを食べて生きているんだ。土壌動物には、昆虫を含めた節足動物、ミミズのような環形動物、センチュウのような線形動物など、多様な動物相が見られるんだ」

「そうか、土の中で暮らす土壌動物が排泄した『うんち』なら、根の近くにあるから植物も吸収しやすいね。自分から動くことのできない植物は、近くにあるものを利用するしかないから、彼らの存在はありがたいだろうな」

得心顔のうんち君に、ミエルダがまたもや、驚きのひと言を発しました。

「うんち君は『植物は自分では動けない』と繰り返すけど、じつは植物は、動物の『うんち』を使って遠くまで移動することもあるんだよ」

うんち君は腰を抜かしました。

「えっ！　『うんち』を使って植物が移動する……!?　それっていったい、どういうこと？」

植物のしたたかな戦略

ミエルダは少し得意げに、あごひげを右手で撫でています。

「植物が、種子から発芽して生長することは知っているね。植物の枝についた種子がそのまま落ちれば、もちろんそこで発芽するけれど、これだと、親木の枝が伸びている範囲内にしか生息域を広げることができない。いつまでも同じような環境にとどまっていたのでは、種としての繁栄は望みにくいから、生存戦略として優れているとはいいがたいよね。そこで、もっと遠くへ種子を運ぶ方法があって、それを**種子散布**というんだ」

「その種子散布に、『うんち』が使われるの？」

気の早いうんち君には少し待ってもらって、種子散布について詳しく見てみましょう。

図４−７　タンポポの種子は風によって遠くへ運ばれる（筆者撮影）

図４−８　群生するオオオナモミの仲間　トゲのついた種子は動物の体毛やヒトの衣服に付着しやすい（筆者撮影）

種子散布は、その方法によって三つに分類されます。一つめが「風散布」です。風散布は、タンポポやカエデの種子のように、種子そのものの表面に浮力を増すようなものをつけることで、風に乗って遠くへ運ばれる方法です（図４－７）。

二つめは「付着散布」です。

種子の表面に小さな棘（とげ）や鉤のような構造をつくり、歩いている哺乳類がその種子に接触した際に体毛に引っかかるようにして、動物の移動とともに種子も移動させるという方法です（図4-8）。

付着散布の例として、オオオナモミの種子には棘の先端に鉤がついた突起が、ヌスビトハギの種子の表面やコセンダングサの種子の先端には棘があります。動物が種子の付着に気づくか気づかないかにかかわらず、種子が落ちた場所で条件が整っていれば発芽します。つまり、偶発的に出会う種々の環境条件のリスクを背負ってでも、「種子が遠くへ運ばれる」メリットがあるのです。付着散布は、風散布よりも遠方に種子が運ばれる可能性が高いと考えられます。

「食べられてこそ」の果実

もう一つの種子散布が「被食散布」で、いよいよ「うんち」の登場です。

被食散布とは、動物が植物の実や果実を食べた後、その種子が「うんち」の構成成分として遠くへ運ばれ、排泄されることを指します。続きはミエルダに任せましょう。

「哺乳類や鳥類が果実を食べるときは、表面の甘い果肉を味わっているわけだけど、中心部にある種子を丸呑み（まるの）にすることもあるんだ。硬い種皮で覆われた種子は、消化管で消化されることなく、そのまま『うんち』を構成する成分になる。哺乳類や鳥類は、陸上や空中を移動しながら時間をかけて『うんち』をつくった後に排泄するから、『うんち』の中にある種子は果実を実らせた親木から遠く離れた土地に運ばれることになる。こうして植物は、動物の『うんち』を使って移動することができるんだ」

そして、この被食散布には、植物にとってもう一つのメリットがあります。「うんち」の中に含まれる栄養素を吸収しながら、種子が発芽し、生長できるからです。うんち君は、植物のしたたかな生きざまに、すっかり感心したようです。

「果実を食べられてしまうことは、その植物にとって、てっきりデメリットしかないと思ってたけど、種子散布のことを考えれば、むしろ素晴らしいことなんだね」

「そのとおりなんだ。植物は、自分の果実や実を動物に食べてもらえるように、果肉をつけ、甘い果汁を蓄えるように進化してきたとも考えられる。種子散布は、自分では移動することができない植物が、その分布拡大を図るための理にかなった生存戦略であるといえるだろう」

分布が広がることは、その植物の種における遺伝的な多様性が低下するのを防ぐことにもつながります。そのためには、なるべく遠くまで運んでくれる動物に食べられることも重要になります。そこでポイントになってくるのが、食べてから排泄されるまでの、いわば「うんちの製造時間」と、その動物の行動範囲です。

たとえばニワトリでは、食べてから「うんち」の排泄までの時間は約2時間といわれています。草食哺乳類のウシでは7時間前後かかりますが、両者には行動範囲がさほど広くないという共通点があります。これに対し、飛翔する鳥類は排泄までの時間は短いものの、飛翔による移動距離がきわめて大きく、散布の効果も大きいと考えられます。うんち君は言いました。

「飛んで移動する鳥なら、陸上の生き物にとっては障害となる海峡や山脈も、軽々と乗り越えていくことができますね。自らは移動のできない植物は、動物の『うんち』に子孫の未来を託しているんだなあ。『うんち』はその〝落とし主〟だけのものではない、とても重要な存在なんですね」

「うんち」から生まれるコーヒー

ミエルダは、小道の脇に生えている木立を眺めながら話を続けます。
「鳥は地面だけではなく、樹木の枝にも種子散布することがあるよ。その例は『ヤドリギ（宿木）』だ。冬に小鳥がある樹木の枝で生育しているヤドリギの実を食べ、別の樹木の枝上で『うんち』を排泄することがある。すると、そこに含まれていた種子が枝上で発芽し、宿主の木の表面に根を張って生長するんだ。そして、ヤドリギの枝や葉のまとまりは、丸い団塊のような形に見えるようになる」（図4-9）
種子散布は自然界における現象ですが、じつは人間社会の食品にも活かされています。

それは、高級なコーヒーとして知られる「ジャコウネココーヒー（コピ・ルアク）」です。東南アジアに生息する肉食哺乳類・ジャコウネコの仲間が排泄する「うんち」の中から採取されたコーヒーの種子を焙煎したコーヒーです。ジャコウネコの消化管内でコーヒーの実の果肉が発酵し、さらに臭腺から分泌される「ジャコウの香り」のにおい物質によって、通常のコーヒーとは異なるまろやかな味わいを醸し出します。

「『うんち』から生まれるコーヒー、飲んでみたいなあ。他にも『うんち』を利用している生き物はいるの？」

うんち君の質問に、ミエルダは目を閉じて、少し考えながら答えました。

「いるとも。コケ植物や、カビやキノコの仲間である菌類も、『うんち』に彼らの胞子を付着させて、栄養素を利用しながら生長することがあるよ。胞子は小さくて軽いから、コケや菌類から風で飛ばされて『うんち』に付着するんだ。さらに、野生動物の『うんち』から汁を吸ったり『うんち』

図4−9　ヤドリギ（宿木）（筆者撮影）

に産卵したりするハエは、胞子を体表につけて、別の『うんち』に飛んでいって胞子を散布することもある。

面白いことに、特に高山や極地など、他の生き物が少なく、栄養素が少ない環境では、野生の哺乳類や鳥類の『うんち』に加えて、登山者の『うんち』がコケ類や菌類の栄養源となることもあるんだ。そこでは『うんち』が、寒冷で厳しい環境に生きる小さな生き物たちの命をつないでいるんだよ」

「コケや菌類も、生育し、分布を広げるために『うんち』を有効利用しているんだね。それでは、ヒトは、動物の『うんち』を利用しているものなのですか?」

4-3 ヒトは動物の「うんち」をどのように利用しているのか

「うんち」で家をつくる

「もちろん、ヒトもまた、動物の『うんち』を古来より利用している。第3章で見たように、人間の社会ではまず、狩猟・遊牧生活が始まり、その後、農耕・定住生活へと移っていった。そして、世界各地で定住するようになった。その家屋には、木材や石材や土が使われているけれど、壁の一部に動物の『うんち』を使用することもあるんだよ」

「えっ！　『うんち』で家をつくるの？」

家屋の壁に使われる「うんち」は、アジア大陸の高原に住んでいるヤクというウシ科の動物のものです。

第2章で見たように、ウシ科の動物は反芻したり腸内細菌のはたらきに依存したりすることによって、食物中の植物繊維を消化していますが、それでもなお、「うんち」の中には未消化の植物繊維が残っています。それら未消化の植物繊維が、消化された細かい物質の強化剤となっていることで、ヤクの「うんち」は良い壁の材料になるのです。チベット高原では高い樹木が少なく、木材を得ることが困難なため、建材として重宝されてきました。

ちなみに、日本では土壁をつくる際、伝統的に赤土を水でこねた泥に、切った藁（わら）を混ぜたものが、同様に強化剤として使われてきました。

ヤクの「うんち」はまた、家事の燃料としても使用されます。高原では樹木が生育しにくく、枯れ木などの薪材も入手できないため、「うんち」に含まれている植物繊維を燃やして有効利用しているのです。

のろしはなぜ「狼煙」と書くのか――「うんち」がカギを握っています

「『うんち』には食物繊維をはじめ、さまざまな未消化物が含まれている。そしてその成分は、『うんち』の〝落とし主〟である動物の食性によって変わってくるんだ。たとえば、大型の哺乳類や鳥類を食べているオオカミの『うんち』には、獲物となった動物の体毛や羽毛が消化されずに残っている。じつは、ヒトはかつて、これを利用していたんだ」

「えっ！　人間がオオカミの『うんち』を使っていたの？」

ミエルダは、少し遠くを見やりながら話を続けます。

「それは『のろし』だ。のろしは漢字で『狼煙』と書くように、オオカミの『うんち』を燃やして出てくる煙のことなんだ。電話や電報などの通信手段がなかった時代、人間は高台の上でのろしを上げて、情報伝達をおこなっていた。オオカミの『うんち』の中に濃縮されている体毛には、タンパク質であるケラチン等が含まれている。乾燥した少量の『うんち』からでもたくさんの煙が出るから、とても重宝されていたんだ」

「『うんち』が情報伝達の手段として使われていたなんて……。想像の斜め上を超えてくる話ですね」

冗談めかしたうんち君の言葉に、ミエルダはにっこり笑ってうなずきました。

「草食動物の『うんち』よりも、肉食動物であるオオカミの『うんち』のほうがたくさんの体毛を含んでいて、効率的に煙が出ることを経験的に知ったのだろう。動物の食性に応じて、その『うんち』をさまざまに利用する方法があるという好例だね」

動物園の「うんち」を再利用する方法

ミエルダは、右手をふたたび帽子のつばにかけています。

「第３章で見たように、農耕・定住生活を始めるようになって、ヒトは、自身や家畜の『うんち』の存在をあらためて認識するようになった。まずは農耕用の『肥料』として利用しはじめたことは先にも話したとおりだ。定住生活では、当然のことながら『うんち』は住居で排泄され、蓄積されていく。家畜は住居の中やその周辺で飼育されるから、彼らの『うんち』もまた、どんどんたまっていく一方だ。ヒトは、その『うんち』の成分を知らないまでも、農耕地の栄養分になることを経験上知っていて、肥料として使用したと考えられている」

「自分たちが日々排泄した『うんち』を、農作物の育成のための肥料に使うんだから、費用もかからず合理的だね」

ところが現代では、「うんち」から発生するにおいが嫌がられ、また、扱いにも手間がかかることから、肥料は人工的な化学合成肥料に取って代わられつつあります。一方、自然状態に近い

「うんちの肥料化」が近年になって見直され、家畜や動物園で飼育されている動物の「うんち」を有効利用して、扱いやすい肥料にする方法が研究されています。「うんち」に発酵菌を混ぜ、その内容物の分解を促進することで臭みの少ない肥料がつくられ、利用されはじめています。

動物園ではまた、草食性のゾウやシマウマの「うんち」に残っている植物繊維を利用して、紙をつくる講習会が開かれることもあります。

「うんち」から健康状態を知る

ヒトは、動物の「うんち」を文化のなかに取り入れていることもあります。

たとえば、ウグイスの「うんち」は平安時代から、シミを除去するための化粧品や洗剤として利用されてきました。鳥類の「うんち」は、食べてから排泄されるまでの時間が短いため、その中に残存している酵素・プロテアーゼやリパーゼの活性を利用して、タンパク質や脂質を分解するために使われていたのです。

また、植物食性の昆虫の「うんち」には、植物の色素が濃縮されていることがあり、それを利用して布の染色に使われる例もあります。

「そして『うんち』は、ヒトの健康状態を知る『バロメーター』としても利用されているんだよ」

「バロメーター……？」と繰り返したうんち君は、「どういうふうに利用されているの？」と訊ねました。

「第1章で見たように、消化管は口から肛門までつながった一本の管だ。その生き物が生きているあいだじゅう、さまざまな食物が消化・吸収されながら消化管の中を移動していく。だから『うんち』には、その過程で体内の情報が記録されていくんだ」

ヒトの「うんち」を使ってよく調べられている項目に「潜血検査」があります。この検査ではおもに、消化管のなかでも「うんち」が最後に通過する大腸からの出血の有無を調べます。「うんち」に血液が含まれている場合は、消化管内にできた異常な組織から出血している可能性が考えられます。潜血検査によって、疾患の早期発見につながるのです。潜血検査で陽性となった場合には、大腸検査用のカメラを肛門から直接、大腸に入れて精密検査をおこなうことになります。

ミエルダがいいます。

「さらに、感染性の病気にかかった患者の『うんち』から、ウイルスや細菌、寄生虫を取り出して検査し、原因を特定したりすることもできるんだ」

野生動物の「うんち」を調べる

「ヒトがヒトの『うんち』を調べるのは、おもに医学的な目的からなんだね。ヒトが他の動物の『うんち』を調べることもあるの?」

うんち君の質問に、ミエルダが答えます。

「おもに二つの目的から、動物の『うんち』を調べているよ。まずはヒトと同様、動物たちの健康状態を知る『バロメーター』として調べるケースがある。さまざまな疾患の原因を探るために、獣医が家畜やペットの『うんち』を検査するんだ。第二のケースとして、野生動物の生態を調べるために『うんち』が使用されるようになってきた」

野生動物を対象とした研究では、動物個体を捕獲して調べることも少なくありません。しかし、すべての動物をとらえることは不可能ですし、捕獲することが推奨されない状況にあることも考えられます。そのような場合に、対象動物が排泄する「うんち」を使うことで、さまざまな個体情報を得ることができるのです。

「うんち」は、動物そのものを捕獲しなくても野外で比較的簡単に採取できます。注射をして血液を採取するなどの身体的負担をかけることもないため、「非侵襲的サンプル」とよばれることもあります。もちろん、野外に落ちている体毛や尿なども非侵襲的サンプルですが、なかでも

「うんち」は、最も多くの生物情報が得られる非侵襲的サンプルの代表的存在です。

「食の来歴」を知る――「うんち」に残されている証拠を探れ！

「うんち」を使った生態調査として、比較的古くからおこなわれているものに「食性調査」があります。野生動物の生態研究では、対象動物が何を食べているかという食性を知ることが重要な課題の一つです。季節ごとに調査地から「うんち」を採取し、その中に含まれる未消化物を、肉眼や顕微鏡で観察するのです。

たとえば、草食性動物であれば、「うんち」に残っている葉のかけらから、食された植物の大まかなグループを特定できます。さらに、４-２節で見たように、果実の種子が含まれていれば、植物の種まで同定することが可能です。

肉食動物の消化管では、獲物の筋肉や内臓は消化されますが、砕かれた骨や歯の一部、体毛が残ることがあります。獲物が鳥類であれば、骨やくちばし、羽が消化されずに「うんち」に残ります。昆虫類やカニなどの甲殻類を含む節足動物が獲物となった場合には、そのからだを覆っている外骨格（主として「キチン」とよばれる多糖類やタンパク質からできている）が消化されず、「うんち」の成分として排泄されます。それらの断片から、獲物として食べられた動物種を同定していくのです。

ミミズを食べる肉食哺乳類の「うんち」の中では、組織は消化され、形は残りませんが、ミミズの体表に生えている小さな「剛毛」が、消化されずに残存していることがあります。それを注意深く見出すことで、ミミズが食べられていることは確認できますが、ミミズの種を特定することまでは難しい、といった限界もあります。また、第2章で紹介した、フクロウのペリットの内容物からも食性を分析することができます。

食性調査によって野生動物の生態研究が深まることが多くあり、「うんち」はその重要なカギを握っているのです。

「うんち」の中のDNAを調べる

最近では、「うんち」から取り出されたDNAを調べることで、そこにどんな動植物のDNAが含まれているかを知ることができるようになりました。

その手法として利用されるのが、新型コロナウイルス感染症への感染の有無を検査する手法として有名になった「遺伝子増幅法（ポリメラーゼ連鎖反応。PCR：polymerase chain reaction）」です（図4-10）。PCR法を用いることで、混沌（こんとん）とした「うんち」の中のDNAから、目指すDNAを探し出せるのです。

肉眼や顕微鏡による「うんち」の内容物の同定と、DNA分析とを組み合わせれば、動物たち

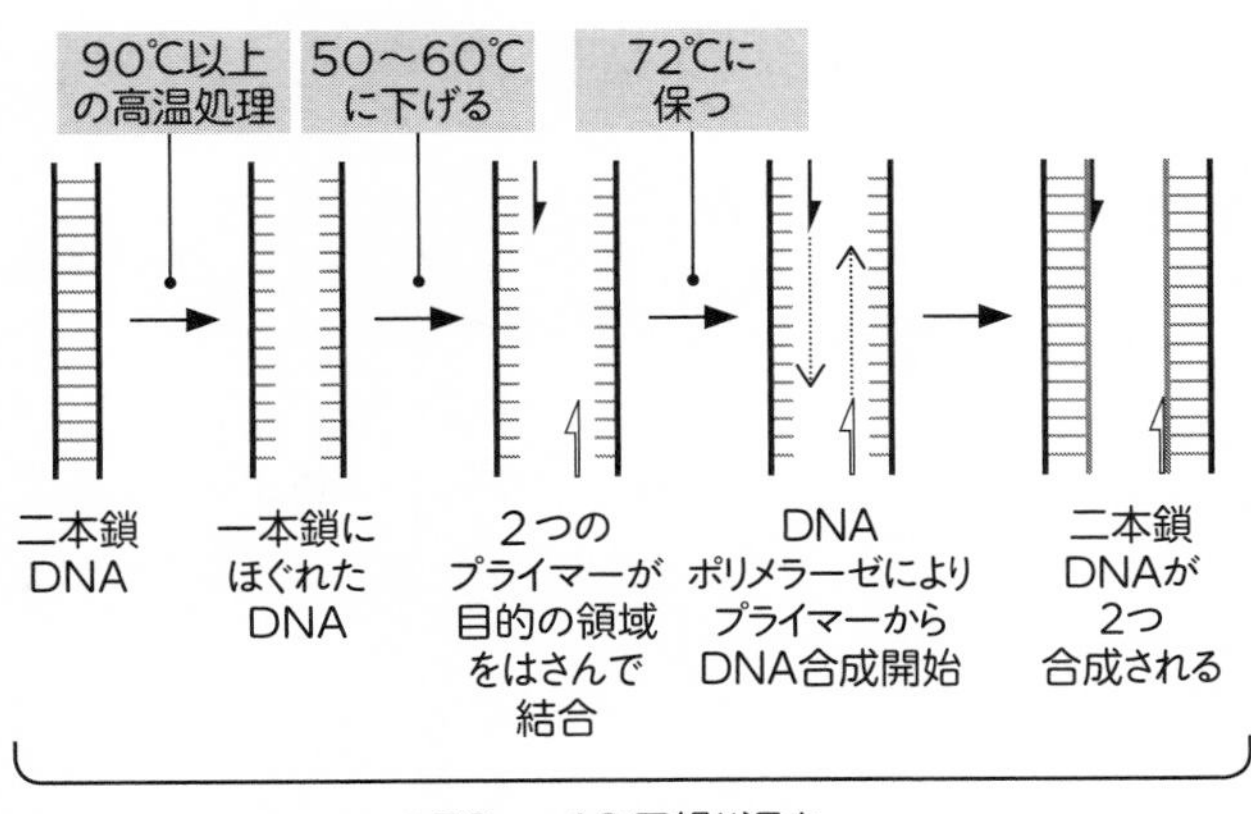

図4−10　遺伝子増幅法（PCR法）

の食性をより詳細に明らかにすることができます。

「『うんち』のＤＮＡを分析することで、食性以外にもわかることがあるの？」

うんち君の問いかけに、ミエルダはうなずきました。

「もちろんだ。『うんち』に含まれているＤＮＡからは、さまざまな情報を取り出すことができる。たとえば、『うんち』を排泄した動物の種の同定、性別の判定、個体識別などが可能だよ」（図４-11）

「えっ、そんなことまでわかるの⁉」

「第2章で見たように、『うんち』には落とし主の腸の粘膜組織が含まれている。したがって、『うんち』に含まれるＤＮＡ中にも、その落とし主のＤＮＡが当然、含まれているんだ。落とし主

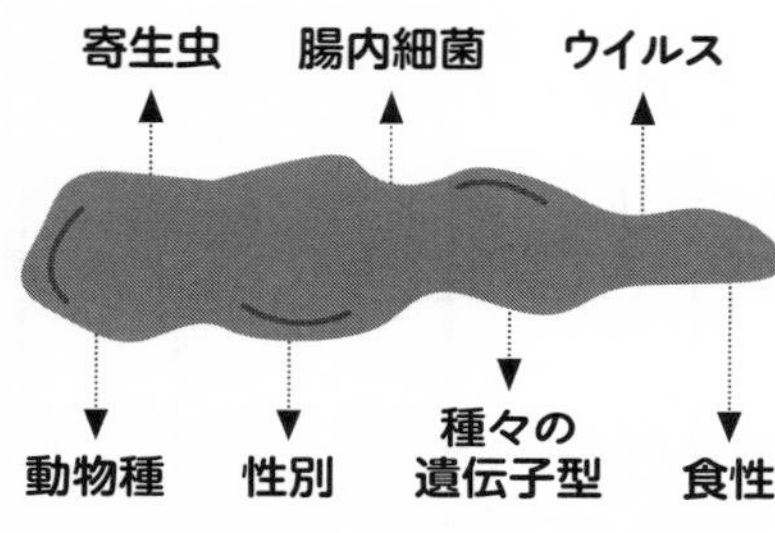

図4−11 「うんち」のDNAからわかる情報

のDNAをPCR法によって特定し、そこに刻まれている遺伝情報（塩基配列）を解読することで、『うんち』を排泄した動物の種や性別がわかり、個体を識別することができるんだ」

種を判定する際には、多くの場合で、細胞小器官の一つである「ミトコンドリアDNA」が指標として使われます。1個の細胞の中には数千個のミトコンドリアDNA分子が含まれているため、たとえ「うんち」が野外で風雨にさらされても、ミトコンドリアDNAは残っていることが多く、分析しやすいのがその理由です。

性別判定には、染色体中のDNAを調べます。性別を決める染色体は「性染色体」とよばれ、哺乳類ではX染色体とY染色体の2種類が存在しています。Y染色体にはオスを決定する遺伝子がのっているため、哺乳類のオスは、母親から受け継いだX染色体と父親からのY染色体を1本ずつもっています。メスは、両親から受け継いだX染色体を2本もっています。すなわち、X染色体DNAとY染色体DNAの両方を検出できる「うんち」はオスが排泄したもの、X染色体DNAのみが検出される「うんち」はメスが排泄したものと特定できるのです（図4-12）。

オスの精子　メスの卵

AX　AY　AX

AAXX　受精卵　AAXY

メス　オス

図４−12　哺乳類の受精と染色体の遺伝様式
XはX染色体１本、YはY染色体１本を表す。Aは常染色体１セットを示している

個体を識別する方法

「この方法は、たとえば鳥でも同じように使えるの？」

うんち君の質問に、ミエルダが感心しています。


「いい質問だ。じつは、鳥類における性染色体の構成は、哺乳類とは異なっている。鳥のオスの性染色体はZ染色体が２本で、メスではZ染色体とW染色体が１本ずつ見られるんだ」

「鳥と哺乳類では性染色体の構成が違うんですね。オスとメスで性染色体のもつ種類が反対になっているのも興味深いなあ」

　個体識別はどうおこなうのでしょうか。前述のとおり、動物の各個体は、父親と母親から一対の染色体を受け継いでいます。それらはいずれも、父親の配偶子である精子と、母親の配偶子である卵が受精する際に受け継がれます。

ヒトでは、「XY」または「XX」という一対の性染色体と、常染色体とよばれる22対をもつため、染色体の総数は46本となります。両親から受け継いだ常染色体は同じ形をしているので「相同染色体」といいます。相同染色体間では同じ遺伝子座が並んでいますが、そこにのっている対立遺伝子（「アレル」ともいう）の組み合わせが異なるときは「ヘテロ接合型」、同じときは「ホモ接合型」といいます。ミエルダに引き取ってもらいましょう。

「個体識別をするときには、複数の遺伝子座における対立遺伝子型を調べるんだ。特に、『マイクロサテライト』とよばれる1～10塩基を単位とする反復配列が、いろいろな遺伝子座に散らばっていて、さらに反復数の多様性が高いので、その対立遺伝子型を調べることによって、個体差を検出することができる」

「うんち」のDNAを用いて、複数のマイクロサテライト遺伝子座の遺伝子型をPCR法で調べることにより、個体識別が可能となるのです。

「うんち」から「行動圏」を特定する――「タメ糞」とは何か

この分析からわかることの一つとして、「うんち」の落とし主である動物が生活している行動圏を調べることができます。

タヌキの「タメ糞」を例に考えてみましょう（図4-13）。タヌキの集団は、同じ場所にタメ糞をすることが知られています。タメ糞場は、いわばタヌキの共同トイレです。そこでは、「うんちのにおい」を通して、「どの個体が来ているか」「来ているのはオスかメスか」といった情報を感知し、互いにコミュニケーションをとっています。

図4－13　タヌキのタメ糞（埼玉県環境科学国際センター・角田裕志研究員提供）

タヌキの行動圏の分析にはまず、タヌキが分布しているさまざまな場所にあるタメ糞場から「うんち」のサンプルを採取します。そのサンプルを1個ずつ容器に入れて、「うんち」が腐らないように冷凍保存、またはアルコールに入れて分析時まで保存します。そして、研究室で「うんち」からＤＮＡを精製し、ＰＣＲ法によってタヌキのマイクロサテライト遺伝子座（たとえば10ヵ所）の遺伝子型を調べます。

その後、異なるタメ糞場から採取された「うんち」の遺伝子型を比較し、先ほどの10遺伝子座といずれも同じ遺伝子型をもつ「うんち」があれば、両者は同一の個体から排泄された可能性が高いことになります。同様の手法を繰り返して、やはり遺伝子型が一致する

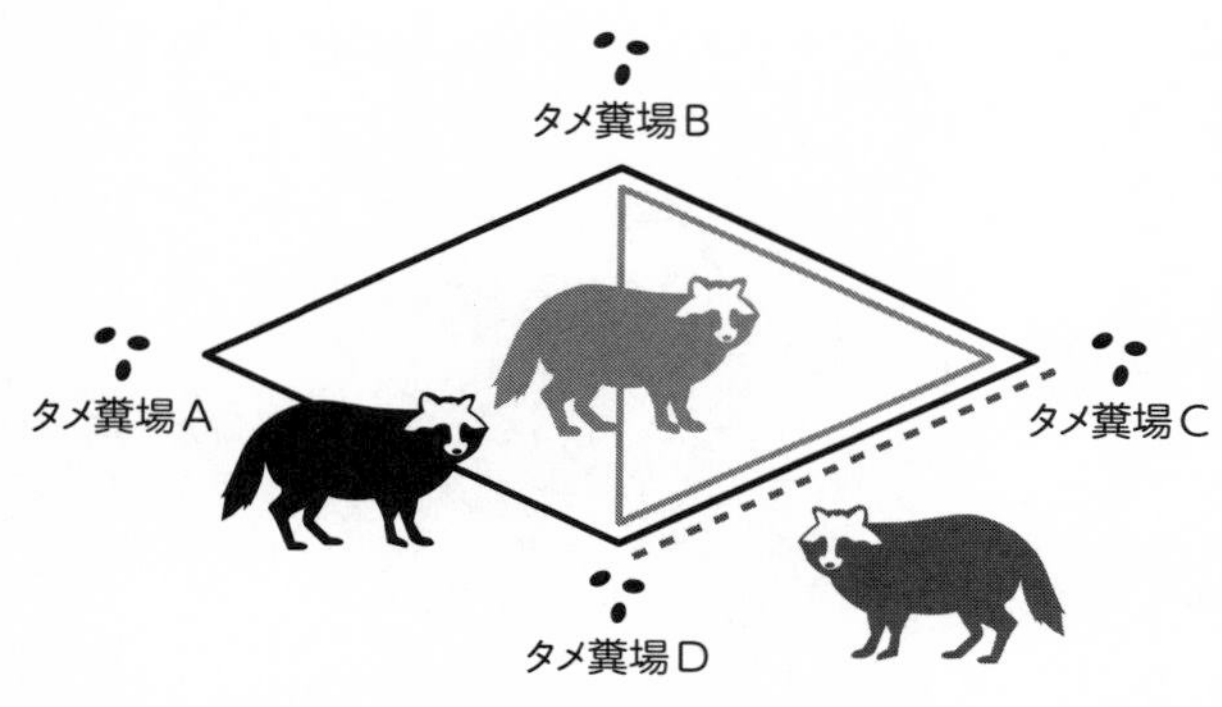

図4−14 「うんち」のDNAからタメ糞場を利用するタヌキを調べる
実線はタメ糞場4ヵ所（A、B、C、D）を利用する個体の行動範囲、グレーの実線はタメ糞場3ヵ所（B、C、D）を利用する個体の行動範囲、破線はタメ糞場2ヵ所（C、D）を利用する個体の行動範囲を示す

「うんち」が見つかったタメ糞場の各地点を結ぶことにより、そのタヌキの個体が少なくともその範囲内を移動していると考えることができるわけです（図4-14）。

うんち君には気になることがあるようです。

「この調査のためには、かなり広い地域でタメ糞を探さなければいけないと思うんだけど、見落としてしまうことはないの？」

「もちろん、見落としはあるかもしれないね。だから、得られる行動圏は一個体が移動している最小限の地域を示していることになる。実際にタヌキを捕獲して、電波発信機を取りつけて行動圏をより精密に追跡すると、『うんち』中のDNAの個体識別から得られる行動圏より広いことが多いんだ」

「うんち」を使ったDNA分析から、性別や親子関係が明らかになってくることがあります。また、個体情報を集めることで、その地域に分布している集団の個体数や、集団内の遺伝的な多様性を見積もることも可能です。

たとえば、東京の中心に位置する皇居には、タヌキが生息しています。そこで見つかったタメ糞のDNA分析がおこなわれ、皇居内に生息している個体数が推定されました。分析データに基づいた調査から、その個体群密度は、神奈川県の農村地域に生息しているタヌキの集団と同様の状況であったと報告されています。皇居内において、タヌキのエサとなる動植物の多様性が高いことも関係しているようです。対象地域の動物を捕獲しなくても、非侵襲的に得られる「うんち」を利用することにより、個体間の関係のみならず集団の構成まで把握できる可能性があるのです。

「もちろん、『うんち』の中にすんでいる寄生虫、腸内細菌やウイルスのDNAもPCR法で特定することができる。『うんち』に寄生する生き物の種の構成（生物相）が、DNAの遺伝情報から明らかになりつつあるんだ」

「DNAを詳しく調べることで、『うんち』の中身がかなりわかるんですね。他の化学物質についても、研究が進んでいるの？」

「さまざまな動物の『うんち』に含まれている、におい物質の研究が進んでいるよ。新しいフェロモンが『うんち』から見つかったりもしているんだ」

動物のからだの中にある分泌腺から分泌されたホルモンが、血流に乗って腸管の血管から「うんち」に放出されることがあります。たとえば、メスの生殖巣である卵巣からは、雌性ホルモンが分泌されます。周囲の環境からのストレスと関係する、ストレスホルモンも知られています。それらの血液中の濃度が増加すれば、「うんち」中に含まれるホルモン量も増加します。

「それを利用することで、野生動物の生態調査だけでなく、動物園で飼育されている動物の繁殖周期の状態について、採血することなく（非侵襲的に）『うんち』からホルモンの状態を把握できることもあるんだ」

うんち君は大きくうなずきました。

「『うんち』がもっている生物情報はとても豊富で、きわめて貴重なものばかりなんだね」

＊

本章では、異なる動物種間での「うんち」の関わりについて考えてきました。

前半では、動物や植物が他種の「うんち」をどのように利用しているか、そして後半では、人間が動物の「うんち」をどのように利用しているかを見てきました。「うんち」から得られる各種の生物情報は、じつに多くの場面で利用されています。

最終章となる第5章では、生態系における「うんち」の役割について、ミエルダとうんち君の二人と一緒に考えていくことにしましょう。

環境にとっての「うんち」

――地球規模で活躍する「うんち」

5-1 「うんち」から見た「からだの内外」

森の中の小道を、二人はゆっくり歩いています。頭上に樹冠が覆いかぶさり、まるで緑のトンネルをくぐっているようです。そのようすを見たミエルダが口を開きました。

「うんち君、私たちは今、木々にすっぽり覆われたトンネルの中を歩いている。果たしてここは、『森の内部』だろうか、『森の外部』だろうか?」

予想外の質問に、うんち君は戸惑っています。

「え~と、どっちだろう? 内? いや、やっぱり外かなあ……?」

「うんちとは何か」「どこで生まれるか」再考

第1章で見たように、多細胞生物のからだは、表皮(皮膚)によって外部の環境から自身の内部の環境を守り、安定した状態を保っています。

ここでいう外部環境とは、「からだの外側すべて」のことであり、自分以外の生き物や、空気や土壌・河川・海といった非生物的な環境から構成されています。一方、内部環境は、皮膚の内側に存在する骨や筋肉、脳や心臓、肝臓などに代表される各種の臓器や器官、そして、血液やリンパ液などの体液で構成され、つねに安定した状態で維持されています。このように安定した状態を保つことを**恒常性**といいます。

ミエルダが話しています。

「生き物は内部環境で自身を外界と隔て、外部環境に囲まれて生きている。『からだの内外』は一見、截然（せつぜん）と分かれているように思えるけれど、消化管はどうだろう？　開口部である口と肛門は外部環境に向かって開いているから、消化管の中は『完全な内部環境』とはいえないかもしれないね。『うんち』が誕生する消化管の中は果たして、『からだの内部』だろうか、『からだの外部』だろうか？」

「あっ！」とうんち君が叫びました。

「今歩いているこの緑のトンネルと同じだ。内か外か、簡単には決められない！」

ミエルダはいつものように、右手であごひげを撫でています。

「消化管で消化・吸収される食べ物自体は外部環境から入ってくるものだけど、消化管の中で分泌された酵素の作用で食物が消化される状況は内部環境的な状態だ。哺乳類や鳥類のような恒温動物では、消化管の中でも体温が保たれているから、これも内部環境的。一方、『うんち』の中に宿主自身とは異なる生き物である寄生虫や腸内細菌、原生生物が数多く生息していることを考えれば、消化管の中はやはり外部環境的だと感じられる……。『うんち』は、『内なる外部環境』

という特殊な空間である消化管の中で生まれるといえそうだね」

「内なる外部環境……。食物は外からやってきて、消化管という『内なる外部環境』を通るうちに『うんち』となり、ついには肛門から、ふたたび外部環境へ出ていくんだね。食物から消化・吸収された栄養素は、『いのち』という内部環境の形成と維持に利用され、内部環境で不要となったものは消化管から『うんち』として放出される、そういうことだよね？」

うんち君の問いに、ミエルダはうなずきました。

「そのとおりだ。『うんち』は、いわば生き物の内部環境と外部環境をつなぐ仲介者の役割を果たしているんだ。旅の最後に、仲介者としての『うんち』の役割について詳しく考えてみよう」

生態系の中の「うんち」

「旅の最後」という言葉が気になりながらも、うんち君は言いました。

「仲介者としての『うんち』の役割……。外部環境に排泄された後の『うんち』の運命がどうなるのか、ぜひ知りたいよ」

「生き物は、『生き物どうしの相互作用』と、さらには『生き物とその周囲の環境との相互作用』のなかで生きている。両者を合わせて**生態系**というんだ。この生態系の中でも、『うんち』はさまざまな役割を果たしている。『うんち』が、他の個体や他の種との関係で重要なはたらきを担っていることは、これまでの旅で見てきたとおりだ。視点を広げて、生態系の中での**物質循環**に注目すると、『うんち』が務めているさらに重要な役割が見えてくるはずだ」

ミエルダの表情が、決然としたものに変わっています。

5-2 「うんち」は物質循環にどう関わっているか

「物質循環」とは何か

うんち君は、少し難しそうな話にもしっかりついていこうとしています。

「あらためて聞きたいんだけれど、生態系や物質循環って、何なの？」

「生態系とは何か？　さまざまな生き物が、同種の仲間どうしや異種の生き物とのあいだで相互作用をしているよね。さらに、空気や河川・海洋の水、土壌などの非生物的な環境のなかで、生き物と環境とが互いに作用しあいながら生活している。そのような生き物と周囲の環境のまとまりを生態系というんだ」

「生き物だけではなく、その周囲にある環境も含んだものが生態系……。そこにはたとえば、気温や湿度、海や川の流れやその水温、太陽光の強さといったものとの相互作用が含まれているん

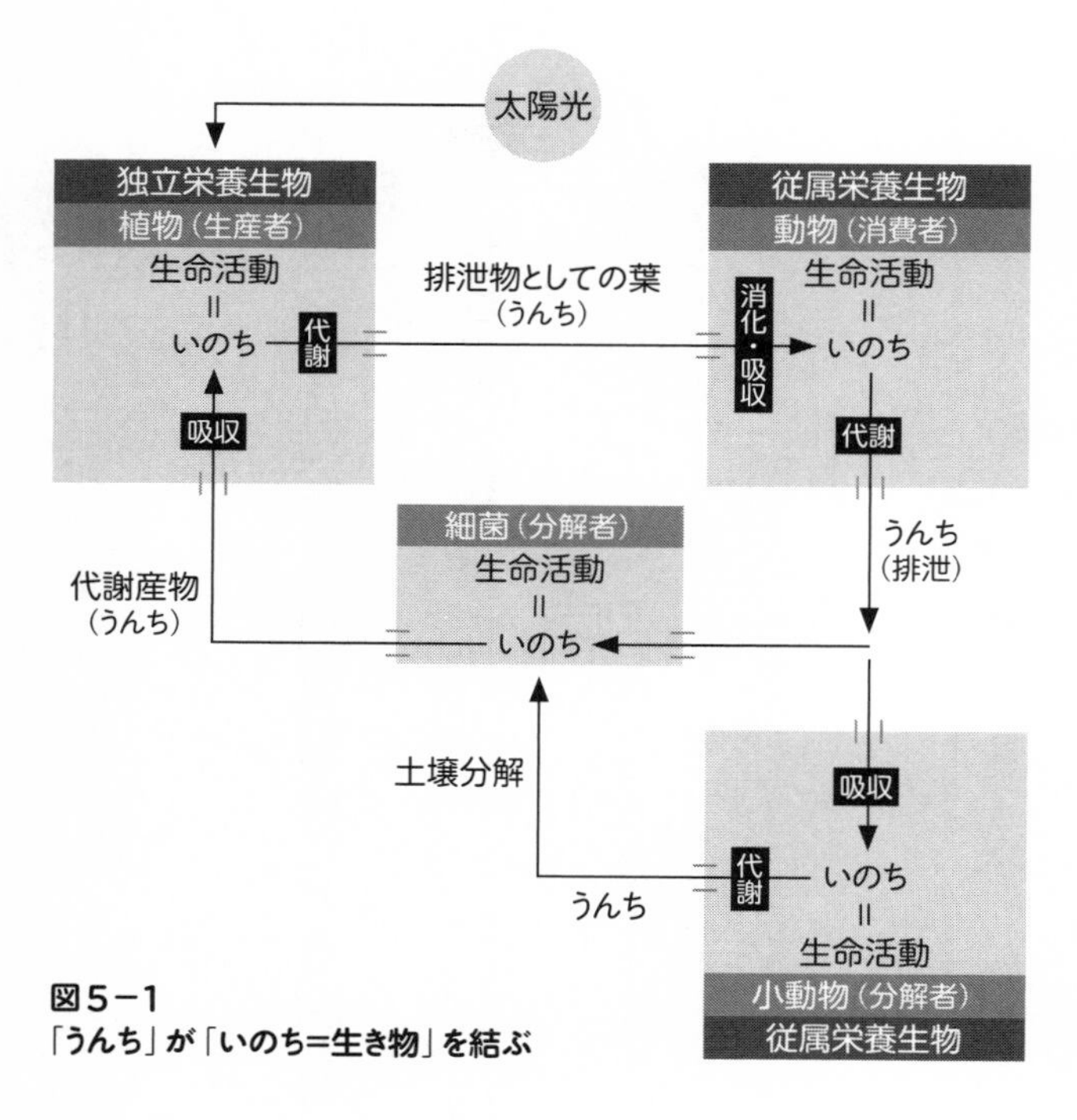

図５－１
「うんち」が「いのち＝生き物」を結ぶ

だね」

「まったくそのとおりだよ、うんち君」そううなずいたミエルダは、「それでは物質循環とは何か？」とあらためて問い直しました。

「これまでの旅で、生き物のからだがさまざまな生体分子からできていることを見てきたね。生き物のからだを構成している分子は、食物中の高分子から低分子へと消化された後に、腸から吸収されたもので、体内でふたたび高分子に合成されることで、『いのち』をつくり上げている」

その、いのちをつくっている分子も、細胞や組織の中にとどまり続けることはありません。やがてふたたび代謝され、別の物質や低分子へと変化し、ついには「うんち」の中に放出されて、外部環境に排泄されます。

「うんち」に含まれている各成分はその後、他の生き物に利用されたり、非生物的環境の一部に取り込まれたりしますが、それら分子は環境中においてもその場にとどまることはなく、さらに別の姿にかたちを変えた分子が、ふたたび食物として生き物の体内に戻ってくるのです。このように、分子レベルで見ると、生き物の内部環境と外部環境とのあいだでは、さまざまな物質が停滞することなく循環しています。これが、生態系における**物質循環**です（図５－１）。

「いのち」と「うんち」の循環

「どんな物質が循環しているの？」

生体分子であるタンパク質、炭水化物、脂質、核酸は、炭素、窒素、水素、酸素、リン、硫黄などの元素からできています。細胞は、高分子のタンパク質や炭水化物を利用した後、細胞外へ放出しますが、一方で、新たに低分子のアミノ酸や単糖類を取り入れて、高分子を合成しています。

また、細胞膜は73ページで説明したように脂質二重層から構成されていますが、この脂質も、グリセリンや脂肪酸、リン酸によって構成され、つねに部分的な入れ換えがおこなわれています。

「つまり、個々の細胞は元の形をとどめていても、分子レベルで見れば、各部位の分子はつねに、まるでパズルが組みかわるように入れ換えられていることになるんだ。個体は細胞でできているので、個体自体が摂食と消化・吸収、さらには排泄をつねに繰り返し、分子を入れ換えながらバランスを保って生きていることになる」

生き物のからだはたえず分子を入れ換え、組織、細胞、分子という細かいレベルで考えると、「合成と分解」「取り込みと放出」「生と死」という相反する現象が、バランスをとりながら同時進行し、個体の「いのち」が維持されていると考えることができます。ミエルダが続けます。

「そして、分子の入れ換わりとして、個体が食べた物質が『うんち』となり、これを介して、さまざまな物質が体外へ放出される。やがてこんどは、その物質が別の生き物に食べられる。食べられなかった『うんち』の成分は外部環境の中で分解されて、その一部の分子が植物に吸収される。このように考えると、物質循環は個体だけではなく、非生物的環境も含めた生態系全体においても起こっているといえる。つまり、個体も生態系もともに物質を入れ換えながら、あらゆるものがバランスをとりつつ、つながっているんだ」

炭素と窒素の物質循環

物質循環の具体的なサイクルについて、炭素と窒素を例に見てみましょう（図５－２）。

炭素の場合は、大気中の二酸化炭素（CO_2）が植物の光合成によって炭水化物に取り込まれ、植物の体の中に蓄積されます。植物は草食性動物に食べられ、さらに草食性動物は肉食性動物に食べられます。

また、動物は「呼吸」によって二酸化炭素を大気中に放出します。植物も、光がないときには呼吸し、二酸化炭素を放出します。水中の生態系でも、水生生物と水中に溶けている二酸化炭素のあいだで、陸上と同様の関係が形成されています。

窒素の場合は、大気の約80パーセントを占める窒素（N_2）が、まず土壌中の窒素固定細菌やマメ科植物に共生する根粒菌によって固定化され、アンモニウムイオン（NH_4^+）や硝酸イオン（NO_3^-）等になります。それらが植物の根から吸収され、生体分子の成分となった後、動物に食べられます。その動物の死体や「うんち」中の窒素化合物は、硝酸イオンとなります。脱窒素細菌によって、その硝酸イオンから窒素が離され（脱窒（だっちつ））、窒素ガスとして大気中に放出されます。

壮大なスケールの物質循環の話に感銘を受けたのか、うんち君がこうつぶやきました。

「バランスをとりながら、個体と生態系がつながっている……。生態系について、もっと知りた

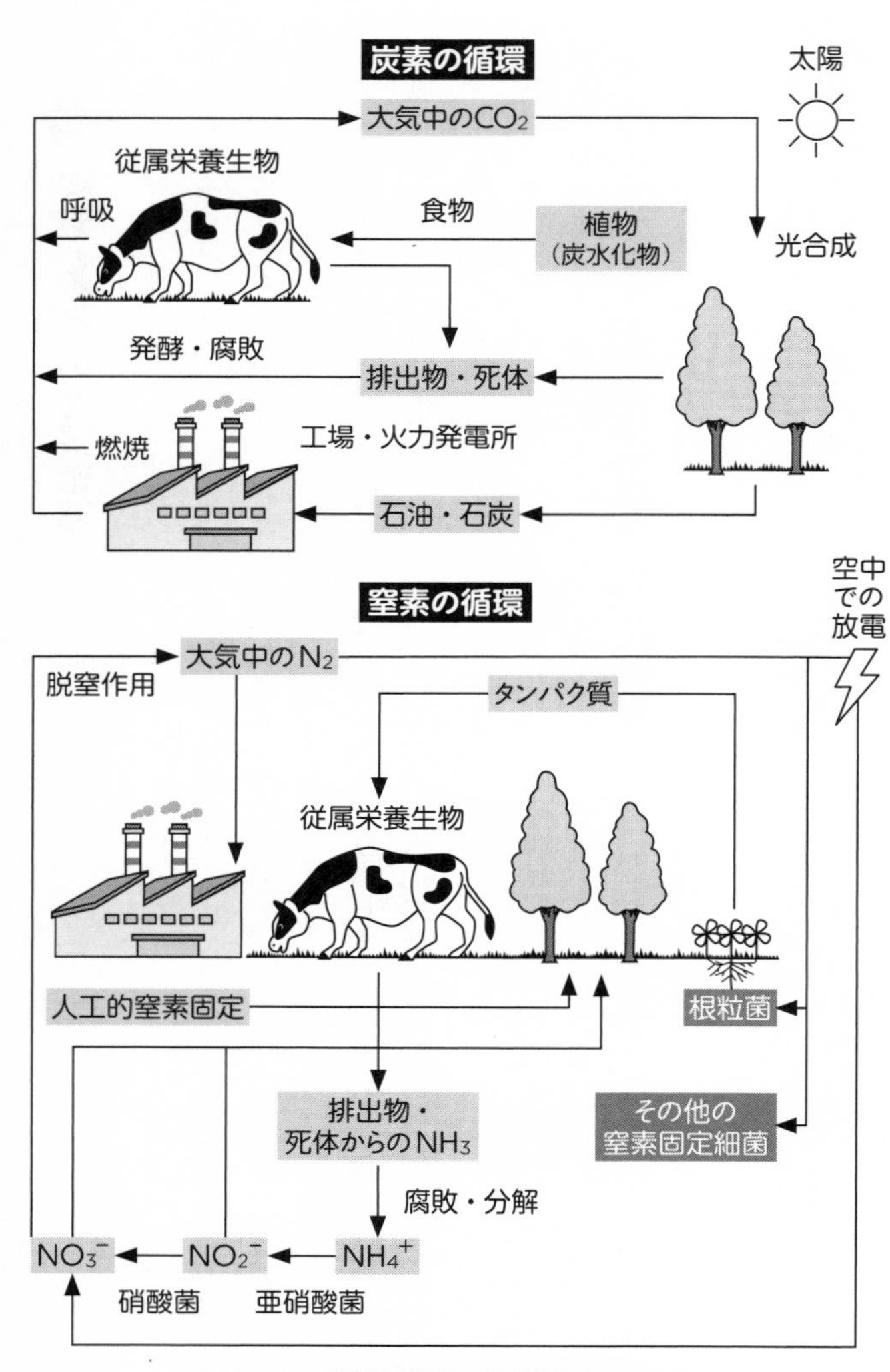

図5－2　炭素と窒素の物質循環のようす

くなってきたよ」

生物多様性を考える「三つの視点」

ミエルダは立ち止まり、帽子のつばを左手で持ち上げました。

「じつは、生態系の種類は、ひと言では言い表せないんだ。まず、**生物の多様性**について考えると、三つのカテゴリーがある。一つめは**遺伝子の多様性**で、これにより個体間の違いが生まれる。二つめは**種の多様性**で、さまざまな種が形成され、進化してきたことを意味している。そして、三つめが**生態系の多様性**で、地域ごとに異なる生態系が展開しているということなんだ。生き物が生活する、あらゆる場所において生態系が成り立っているから、地球上のどこでも、その地域に特有の生態系が展開しているといっても過言ではないんだよ」

うんち君も歩くのをやめました。

「陸上にも水中にも、そして空中にも、生き物はありとあらゆる場所で生活している。それぞれに多様な生態系が存在するということなんだね」

「そのとおり。生態系は、その場所に応じて大きく、陸上生態系、海洋生態系、湖沼生態系、干潟生態系、極域生態系などに分類される。地球上には、それら多種多様な生態系が存在するけれど、共通していえることは、生き物から排泄される『うんち』は動物が生きているかぎり持続的に、それら生態系へと供給されるということだ。言い方を換えれば、『うんち』は移動する生体分子の供給源であるといってもいいだろう。『うんち』のことを、生きた動物と生態系のあいだの物質循環を結ぶ仲介者としてとらえることができるというのは、そういう意味なんだ」

陸上生態系、海洋生態系、干潟生態系での「うんち」と物質循環については、次節で詳しく見ていくことにしましょう。

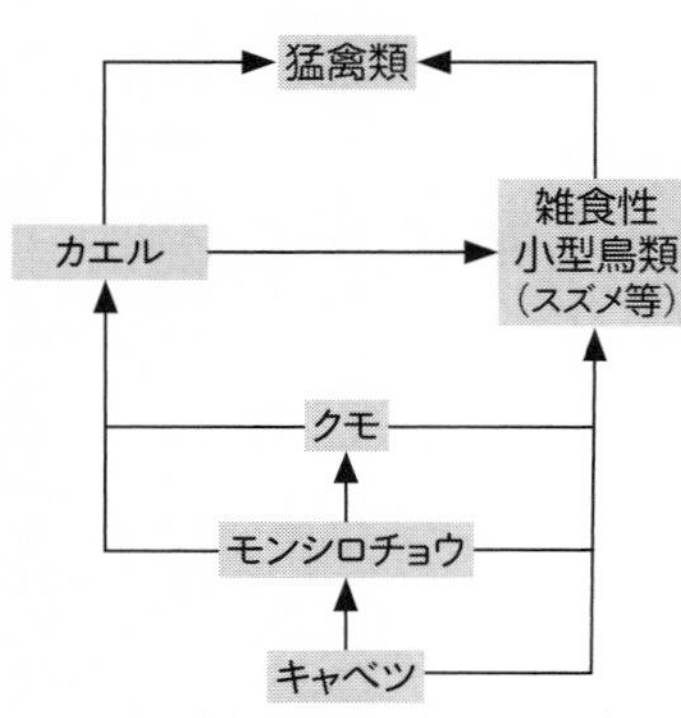

図5－3　農地周辺のキャベツを中心とした食物網

極域生態系については第4章でも登場しましたが、一般的には、極地のような過酷な環境では哺乳類の種数や個体数は少なく、生物多様性が低いといえます。そのため、夏に極地を訪れる渡り鳥の「うんち」が貴重な栄養源となり、その表面でコケ類が育ち、ハエなどの昆虫が「うんち」に産卵し、孵化した幼虫はそれを食しながら成長したり、コケの胞子を別の「うんち」へ運搬するといった生活環が形成されています。

また、極地に生息しているトナカイが、限られた植物性の食べ物を補うために、渡り鳥が排泄した「うんち」を食すこともあります。極域生態系においても、動物の「うんち」は大いに役立っているのです。そして、第2章で紹介したように、チベット高原ではクチグロナキウサギがヤクの「うんち」を食べていましたね。

ミエルダはいいます。

「どんな生態系においても、そこに生息する生き物たちのあいだには、しばしば『食う―食われる』の関係がある。この一連の関係を**食物連鎖**というんだ。しかし、ある関係のなかで食べる側にある種も、他の種との関係においては食べられる側になることもあるし、複数の種と『食う―食われる』の関係を構築している場合もある。このような網目状の種間関係を**食物網**とよんでいる」（図5－3）

食物連鎖の上位にいる生き物ほど、たくさん「うんち」をする

うんち君が鋭い質問を投げかけます。

「生き物たちが互いに食物網の関係にあることはわかったけれど、そもそも食物連鎖の始まりはどうなっているの？」

ミエルダは、小道に生えている草を指差しながら答えました。

「食物連鎖の始点は、光合成をおこなっている緑色植物だ。第1章で見たように、植物は空気中の二酸化炭素と水という無機物から、太陽の光エネルギーを使って有機物である炭水化物、すなわちグルコースを合成することができる。それゆえに、独立栄養生物とよばれることは、すでに話したとおりだ。独立栄養生物であることによって、植物は食物連鎖をスタートさせる**生産者**という立場に立っている」

うんち君は何か考えているようすで、少し間をあけてから新たな問いかけをしました。

「独立栄養生物が生産者なら、従属栄養生物は**消費者**ということになるの？」

ミエルダは、うんち君の吸収力の高さに感心しきりです。

「まさにそのとおりだよ。『植物を食べる植物』は存在しないから、『植物を食べる草食動物』が最初の消費者だ」

たとえば、ノウサギは草を食べるので消費者です。ミカンの木の葉を食べるアゲハの幼虫もまた、消費者です。

一方、ノウサギはオオヤマネコに食べられるので、この場合はオオヤマネコが消費者です。アゲハの幼虫は、鳥などの天敵から身を守るために「うんち」に擬態していましたね。すなわち、「消費者を食べる別の消費者」が存在するのです。

そこで、食物連鎖のなかで、最初に草食性動物を食べる動物を「一次消費者」、一次消費者を食べる動物を「二次消費者」とよびます。食物連鎖が続くかぎり、三次、四次……と増えていき、これらはいずれも「高次消費者」とよばれます。

「〈植物→ノウサギ→オオヤマネコ〉という食物連鎖を考えると、オオヤマネコは二次消費者で、それより上位の消費者はいない。一方、〈ミカンの葉→アゲハの幼虫→クモのような肉食性の節足動物→昆虫食性の小鳥→タカ・ハヤブサなどの猛禽(もうきん)類〉と考えると、猛禽類は四次消費者となるんだね」

「そのとおり。『食う—食われる』の関係の各段階を**栄養段階**というけれど、共通して言えるのは、栄養段階が高くなればなるほど、その生態系における個体数が少なくなるということだ。たとえば、無数に生えている植物を食べるノウサギよりも、オオヤマネコの個体数のほうがずっと少ない。一方、高次消費者の各個体の体のサイズは大きくなり、同時に、一頭から排泄される『うんち』の量も多くなることが知られているんだ」

「うんち」を介した食物網

参考までに、各栄養段階における個体数を比較してみましょう。

一般に、「生産者」の個体数を底辺とした場合、そのすぐ上の「一次消費者」の個体数は生産者より少なくなります。さらに、その上の「二次消費者」の個体数は、一次消費者より少なくなります。このように、栄養段階のより高次の消費者の個体数は減少していきます。

これを帯状に表すと、底辺の生産者が広く、高次消費者になるにしたがって狭くなるため、そ

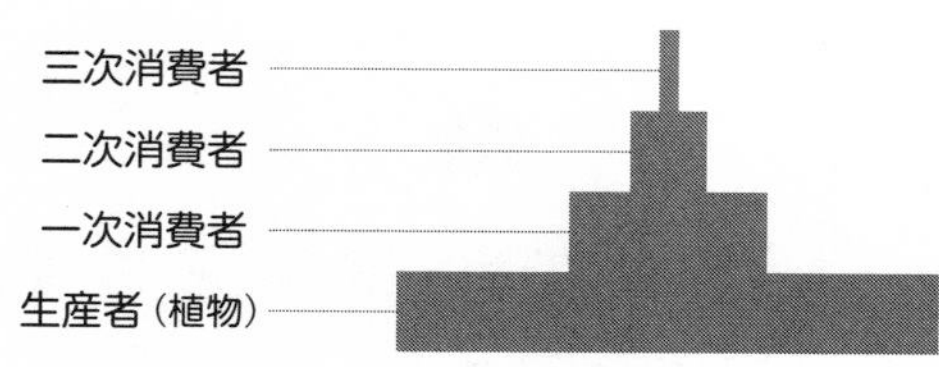

図5－4　生態ピラミッド　幅は相対的な個体数を表す。栄養段階が上がるほど大型動物となり、個体数は減少する。生態系によっては、さらに高次の消費者がいることもある

の形状から**生態ピラミッド**とよばれています（図5－4）。

　この話を聞きながら、うんち君はどこか、もやもやしたものを拭いきれないようです。

「生態ピラミッドも食物網も、『生き物どうしの関係』に注目したものですよね。でも、『うんち』もまた、各栄養段階にいる動物から排泄されるものだし、排泄後に生態系中ですぐに分解されるのではなく、フンチュウ（フンコロガシ）のような動物の食物になっているケースもあります。そしてさらに、『うんち』を食べる動物を食べる動物もいる。……だから、生き物どうしの食物網だけではなく、じつは生態系では、『うんちを介した食物網』も展開しているのではないですか？」

　ミエルダは笑顔を浮かべ、大きくうなずいています。

「いいところに気がついたね、うんち君。まさにそのとおりなんだ。主として野外にいる細菌や菌類が、動物から排泄された『うんち』や生き物の死体を分解するため、彼らを**分解者**とよぶこともある。そして、フンチュウや土壌動物のような『うんち』を食べる小さな動物もまた、分解者の一員なんだ。ただし、彼ら分解者が『うんち』を分解して完

全な無機物にしてしまうわけではなく、一部の『うんち』は小さな動物に食べられ、その動物もまた『うんち』を排泄し、それがさらに別の小さな動物に食べられる……というように続いていく。このように『うんち』を通した食物連鎖は確かに存在するのだが、生態系中における『うんち』の行方には、なぜかあまり注目されてこなかった経緯があるんだ」

「食物網の考え方をより精緻にしていくためにも、『うんち』の存在やその役割をもっと考えることが必要だね！」

ヒグマとサケに見る「物質循環」

ミエルダはサムズアップして、うんち君にうなずきました。

「そういう視点から、『うんち』の物質循環をあらためて詳しく考えてみよう。生態系は多種多様だけれど、異なる生態系どうしのあいだでも、『うんち』を通して物質循環がおこなわれているんだよ」

一例として、北海道に生息しているヒグマの「うんち」と森との関係を見てみましょう。第４章で、ヒグマとハエの共進化の話題が出てきたことをご記憶でしょうか？

夏から秋にかけて、海洋で成長したカラフトマスやシロザケ（一般的に「サケ」とよぶ）などのサケ類が、北海道の故郷の河川を遡り（さかのぼり）、その中流域で繁殖のための産卵と受精をおこないま

図5－5　サケを捕るヒグマ　川を遡上するサケを捕らえるヒグマは海洋生態系と陸上生態系の「接点」となる（Minden Pictures ／アフロ）

す。これらサケ類は、群れをなして川の浅瀬を遡るので、その途中でヒグマが捕獲して食べています（図5－5）。海洋生態系で栄養素を吸収し、大きく成長したサケが、陸上生態系で成長したヒグマの食物となり、栄養分が彼らの体内に吸収されるのです。つまり、サケのいのちが、ヒグマのいのちの一部となるのです。

ヒグマは、海から離れた森林の中を移動しながら「うんち」を排泄するため、その成分は陸上生態系の物質循環に加えられていきます。ヒグマの「うんち」に含まれている窒素やリンなどは、森林植物の重要な栄養素として根から吸収され、植物体の一部となっていきます。

「つまり、ヒグマの『うんち』が仲介役となって、海と森林のあいだの物質循環を結んでいるんだね」

「そうなんだ。さらに、ヒグマが食べ残したり産卵期を終えたりしたサケの死骸を、しばしばワシタカ類などの猛禽類やカラス、キツネが食べている。彼らが食べた後に排泄する『うんち』も、やはり陸上生態系のなかに取り込まれていくんだ」

河川の中で死んだサケ類の死骸は、さらに水生昆虫に食べられ、その水生昆虫もまた、淡水性魚類に食べられます。小型の淡水性魚類はシマフクロウのような魚食性の猛禽類に食べられ、そのシマフクロウの「うんち」は森林に排泄されます。

また、水生昆虫や淡水性魚類も水中で「うんち」を排泄しているので、河川の水流に流されていく途中で利用されたり、海まで流されて海洋生態系の栄養分となったりと、それぞれ物質循環に取り込まれていきます。

魚が地層になる!? ──「うんちの化石」とは何か

「そう考えると、食物網にともなう『うんち』を通して、海と陸の生態系のあいだでさまざまな物質循環が成立しているんですね」

うんち君の言葉にうなずきながら、ミエルダはさらに先へと話を進めます。

「少し視点を変えてみよう。海に由来する『うんち』が、巨大な物質の塊をつくることもあるんだ。**グアノ**はそのいい例だ」

グアノとは、多数の海鳥が集まるコロニーに排泄された「うんち」や卵殻、死骸といったものが、長い年月のあいだに蓄積された地層を指します（図５－６）。海鳥が海中の魚類を食べ、沿岸部の島でコロニーを形成し、長期間にわたってそこに排泄・蓄積された、いわば「うんちの化

図5－6　グアノは海鳥たちの白い「うんち」によって形成される（知床にて筆者撮影）

石」です。

グアノの語源は、かつてインカ帝国を興した南米の先住民族・ケチュアの言語における「うんち」に由来します。第2章で説明したＤＮＡを構成する塩基の一つ「グアニン」は、グアノの中から発見されたことにちなんでつけられた名称です。

うんち君は、ミエルダから以前に聞いた話を思い出しました。

「鳥の『うんち』は総排泄腔から排泄され、その際に、尿に含まれる白色固形の窒素代謝物である尿酸が混ぜ合わされるんだったね」

「うんち君、よく覚えているね。海岸に見られる海鳥のコロニーがつくられた断崖は、まさにその尿酸が放出されているために、遠くからでも白く見えることがあるんだよ。そこには、分解された『うんち』のミネラル分や尿酸の窒素成分が豊富に含まれる。海鳥は魚を主食としているから、これは海洋生態系の魚類に由来する物質によって、地層が形成されていくことになる。人間は、このグアノを沿岸の島から採掘し、窒素やリンを含む化学肥料として利用してきたんだ。しかし、近年では、採掘しすぎてグアノが枯渇しているんだよ」

園芸用に使われる「コウモリのうんち」

「グアノは海鳥だけがつくったの？」

「いや、グアノは陸の洞窟の中でも見つかっている。そのグアノは、洞窟でコロニーをつくっているコウモリが長い時間をかけて、同じ場所に排泄しつづけた『うんち』の堆積物でできた化石なんだ」

うんち君は驚きました。

「えっ、コウモリのグアノ？　小さなコウモリもグアノをつくるんだね。コウモリは哺乳類だから、第2章で学んだように、尿に含まれる窒素代謝物は水溶性の尿素だね。『うんち』に加えて、コウモリのグアノの中では尿素も窒素源になるんだね」

コウモリはおもに夜間に飛び交い、超音波によるエコーロケーションを利用しながら、飛んでいる昆虫をキャッチして食べています。昆虫は森林や河川で栄養素を吸収しながら成長した生き物なので、コウモリの「うんち」によって、その成分が洞窟内に持ち込まれ、放出されることになります。洞窟内に生息する土壌動物などの分解者によって、ある程度は分解されていきますが、多数のコウモリによって長期間にわたって排泄された「うんち」は、やがて化石化してグアノになっていきます。

ただし、コウモリの体は小さいため、そのグアノの量も、海鳥のグアノに比べれば少ないでしょう。ちなみに、コウモリのグアノは、園芸用の肥料として使われることもあります。

5-3 環境にとって「うんち」はどう役立っているか

「分解者」の仕事

「この生態系の中でも、『うんち』が生き物と地球を結んでいるんだね」

うんち君はふたたび歩きはじめ、周囲の環境をゆっくり見渡しながら、しみじみとこう言いました。ミエルダも、視線を足元の地面から木々へと移しながら答えました。

「生き物がいるところには、必ず『うんち』が排泄される。陸上にある土は、砂や石、そして生き物の遺体が分解された物質などから構成されているんだ。その土の表面や地上で生活している生き物たちが『うんち』を落とし、それが動物の食物連鎖に組み込まれるだけでなく、植物の栄養素にもなっていく」

「さらには、背丈の高い草や樹木の上でエサを食べたり、空を飛んだりしている昆虫や鳥たちが、空から『うんち』を排泄しているね」

ミエルダが、うんち君に視線を向けました。

「ここで、**分解者**である小さな生き物に着目してみようか。第４章で見たように、**陸上生態系**では、土の中で生活する土壌動物が分解者として重要なはたらきをしている。彼らはみな小さいし、なにしろ土壌の中にいるので、あまり目にすることはない。しかし、たとえば雨上がりの朝に、土の中から出てきたたくさんのミミズに出会うことがあるよね。ふだん、地上で目にする機会は少なくても、多数のミミズが私たちの周囲の土の中で生活しているんだ」

「ミミズたちはどうして、雨上がりの朝に地上に出てくるの？」

ミミズは、皮膚呼吸をしている生き物です。雨水が地中に流れると、ミミズは呼吸ができなくなり、空気を求めて地表に出てくると考えられています。

土壌は、一様に隙間なく埋まっているわけではなく、小さな土の塊が集まることでできています。小さな土の塊のあいだにある空間を利用してミミズは移動し、その隙間にある空気が、彼らの皮膚呼吸に使われています。

ミミズの体表はしっとりと濡れていますが、これは、皮膚呼吸で酸素や二酸化炭素を通過させるために、わずかに水分で覆われている必要があるからです。しかし、雨水が土の中に流れ込んでくると、隙間が水であふれ、ミミズは呼吸がしづらくなって、息苦しさから逃れるために地上へ出てくるのです。

「なるほど。ミミズは地表の雨水を求めて出てくるのではなくて、地中に浸み込んだ雨水から逃れたくて地表に出てくるんだ。ときどき路上で干からびている姿を見かけるのは、地上は太陽の光にあふれているし、土壌に比べて湿気が少ないから、体表が乾燥してしまうからなんだね」

土壌を育てる分解者

「雨が降って、生活している場の状況が変わることによって、これまで見えなかった生き物の姿が見えてくることがあるんだ。ミミズだけを見ても、無数の個体が地面の下で生活している。第4章で見たように、ミミズを食べる肉食哺乳類の『うんち』を調べると、ミミズの剛毛などの痕跡がひんぱんに出てくる。これは、肉食哺乳類がミミズを好んで食べているというよりも、土壌中ではミミズを見つけやすいために、主要な食物の一つになっているということだろう」

「ミミズ自身も、土の中で生活しながら食べ物を食べ、『うんち』を排泄しているんですね?」

うんち君の確認するような問いに、ミエルダはうなずきます。

「もちろんだよ。ミミズは細長い体型をした環形動物で、一方の先端に口が、反対側の先端に肛門があって、そのあいだを消化管が走っている。土の中のトンネルを移動するときに、小さな土の塊とともに微生物や腐植した植物のかけらなどを食べて、消化管内で消化作用をおこない、『うんち』を排泄しているんだ」

「ミミズは土も食べるんだね！　土も消化されて、ミミズのからだに吸収されるの？」

「土に含まれている有機物やミネラルは、栄養素として吸収されるよ。でも、それ以外の細かい砂は消化管では吸収されず、『うんち』の成分として排泄される。ミミズはつねに移動しているので、土の中で未消化物や代謝産物を含んだ土壌成分を循環させていることになる」

「つまり、ミミズは土の中で、つねに土をかき回しているということだね。そして、単に土壌を攪拌（かくはん）するだけではなく、土に含まれている有機物を消化・吸収したりミネラルを吸収したりして、残りの物質や代謝産物などを含んだ『うんち』を排出し、それが他の生き物の栄養分になっていく。なんだか、ヒトが作物を栽培するために畑を耕しながら、同時に肥料をまいているみたいだなあ」

　うんち君は、ミミズのはたらきぶりにすっかり感心しています。

「まったくそのとおりだね、うんち君。ミミズは、土壌を耕し、物質の移動と循環、さらにはいろいろな物質を分解する浄化作用をも促進してくれているんだ。生態系の植物が根から吸収する栄養素を、ミミズは土を食べた『うんち』を通して提供している。ミミズは、土壌という環境を育てる役割を担っている、重要な分解者なんだよ」

図５－７
自然選択説を唱えたダーウィン

ダーウィンも注目した土壌動物

土壌動物には、ミミズの他にも動物の遺体や排泄物、枯れ葉などを食べる小さな動物がいます。その数は膨大で、彼らが排泄する「うんち」の量は計り知れません。そして、彼らもまた、土壌中の「うんち」を通して、物質の移動と循環に役立っているのです。

じつは、土壌生態系におけるミミズの役割は、ずっと以前から議論されてきました。

古くは、『種の起源』を著したことで有名な進化論者、チャールズ・ダーウィン（１８０９〜１８８２年）が、ミミズの研究結果を発表しています（図５－７）。彼は、40年ものあいだ、野外でミミズを観察したり、室内で飼育実験をおこなったりしてその生活を克明に記録し、ミミズの土壌中における消化作用や移動が、土壌環境の循環に有用な影響を与えることを述べています。

ダーウィンはそれらの成果を、ミミズの習性や生態に関する著書として１８８１年に刊行し、その翌年に73年の生涯を閉じました。

からだ全体で「うんち」を吸収する生き物

「続いて、海の中の環境を見てみよう」

　ミエルダの話題は、**海洋生態系**へと移っていきます。

「海水中には、さまざまな動物性プランクトンや植物性プランクトンが浮遊している。そのなかで、多細胞のプランクトンも、やはり『うんち』を排泄するんだ。もっと大きな魚類も、さらに大きなクジラやイルカ、アザラシなども、もちろん海水中で『うんち』を排泄する。これらの『うんち』は、水中を漂っているうちに別の生き物の栄養素になって、海の食物連鎖に貢献しているんだ」

「海水中に漂う『うんち』は、すべて何かに利用されているのかな？　利用されなかった『うんち』はどうなるの？」

　ミエルダは左手で帽子のつばを上げながら答えます。

「『うんち』は水中を漂っているあいだに、その構成成分が海水に溶け出していく。ミネラル分や栄養素の一部は、海底に生えている海藻にも取り込まれるんだ。海藻の細胞にも葉緑体があり、彼らもまた、太陽からの光を利用して光合成をしている」

　からだ全体が水に浸っている海藻類には、葉状、糸状、袋状のものがありますが、水中のミネ

図5−8　海藻のからだは、葉状部、茎状部、付着器に分かれる　各部位は、陸上植物の葉、茎、根に似ている

ラルや栄養素をからだじゅうから吸収することができるように進化を遂げています（図5−8）。その結果、海藻のからだは、陸上植物における葉のような「葉状部」と、茎のような「茎状部（けいじょうぶ）」から形成されています。植物の根に似ている構造物は「付着器」とよばれており、海底や岩の表面にからだを固定するために使われています。

うんち君は、陸上植物とは異なる海藻類の進化の仕方に驚きが隠せないようです。

「海藻はからだ全体で、動物の『うんち』を吸収しているんだね！」

「ほんとうにそのとおりだね。とはいえ、水中を漂う『うんち』の成分のすべてが、生き物たちに食べられたり吸収されたりしてしまうわけではないんだ。その一部は海の底に沈んで、海底の一部になっていく」

「土壌中から栄養分などを吸い上げる陸上植物の根とは違って、海藻は付着器によって海底にからだを固定しているんだね。すると、海藻は海底から栄養素を吸収しないから、海底には水中から降ってきた『うんち』の残骸や、生き物の死骸などの有機物が過剰にたまっていくということになるの？」

「海底に降り積もる雪」を食べる生き物たち

「とても鋭い質問だ」

ミエルダは感心したようすで、こう続けました。

「海中に沈んでいく『うんち』の残骸も含め、海中を漂う微細な懸濁物のことを**マリンスノー**とよぶ。マリンスノーは徐々に海底に蓄積されていくから、陸上で形成されるグアノみたいだね。海底には、砂や泥の中で生活しているさまざまな生き物たちがいて、降ってきたマリンスノーを食べて消化・吸収し、やはり『うんち』を排泄しているんだ。それらの底生生物は**ベントス**とよばれている」

海洋生態系を構成する代表的なベントスは、環形動物のゴカイ類です。陸上生態系における土壌動物の代表も、同じ環形動物のミミズでした。

ゴカイの仲間は、水中でも呼吸ができるように進化しています。海底の砂や泥の中で生活し、沈降してきた「うんち」の残骸や微生物を砂と一緒に食べ、消化管で消化・吸収し、「うんち」を排泄しています。彼らゴカイも、地上におけるミミズと同様、海底の砂や泥を攪拌して耕し、栄養素を移動させる役割を果たしているのです。

ゴカイ類に加え、二枚貝などの軟体動物や小さなエビなどの節足動物ら、多種の動物から構成されるベントスの「うんち」は、海洋微生物の栄養分となります。そしてその微生物はふたたび、砂や泥の中にすんでいるベントスや、海底に着床して生活している他の生き物たちの食物となっていくのです。これら一連の物質循環により、海底が浄化される効果もあります。

「微生物を食べて海底に着床している生き物にはどんなものがいるの？」

「サンゴやイソギンチャクの仲間がそうだね。第1章で見たように、海底で定着生活している彼らのような多細胞生物は、水流に乗って流れてくる微生物をとらえて食べている。他にも、海綿動物や原索動物のホヤ類などが、それら微生物を食べているよ。彼らの消化管のつくりは比較的単純な管状の構造で、消極的な『うんち』を排泄していることは以前にも話したとおりだ」

ベントスとしては他に、棘皮動物であるウニやヒトデ、ナマコの仲間などがいます。彼らは体表から伸びた「管足（かんそく）」を使うことでゆっくりと移動でき、海底にたまった「デトリタス」（生き物の死骸や「うんち」に由来する残渣（ざんさ）、また、それらによって増殖した微生物などの集積物のこと）を食べて、「うんち」を排泄しています。

もし「うんち」が存在しなかったら……？

深い海の中だけではなく、沿岸部にできる「干潟」にもまた、特有の**干潟生態系**が形成されます。

干潟は、河川が海に注ぎ込む河口付近に流されてきた砂や泥によって形成される、平坦な湿地帯です。海水の干満による影響が大きいために、河川から運ばれてきたさまざまな生き物の「うんち」が堆積します。海の生き物だけでなく、淡水と海水が混合する「汽水（きすい）」を好んで生活する魚類の「うんち」や、それらを食べるために集まってくる水鳥たちからも「うんち」が排泄される、多様な「うんち」の集積地でもあります。

干潟の泥の中には、貝やカニ、ゴカイなどを含む無数のベントスが生活しています。彼らが、魚や鳥たちの「うんち」を食べて消化・吸収し、自らも「うんち」を排泄することによって、干潟における物質循環を促進するとともに、その浄化作用も果たしています。

うんち君は大きくうなずきました。

「どのような環境であっても、生き物たちが排泄する『うんち』は、その土壌を耕しながら物質循環をおこない、さらには生き物の生活環境を浄化する、きわめて重要な役割を果たしているんですね」

ミエルダは、いつものように右手であごひげを撫でています。

「もし『うんち』が存在しなかったなら、生き物の運命は大きく変わっていたかもしれないね」

5-4 ヒトは「うんち」とどう向き合っていくか

生き物だけに可能なこと

うんち君は、しばらく何かを考えているようすでしたが、ふたたび歩きながら話しはじめました。

「これまでの旅を通して、生き物が排泄する『うんち』には、さまざまな機能や重要な役割があることがよくわかりました」

ミエルダがうんち君に訊ねます。

「では、うんち君。ここまでに学んだことをまとめると、どうなるかな?」

「はい。まず一つめは、生き物にとっても地球環境にとってもきわめて大切な存在である『うんち』は、生き物のみから排泄されるものだということです。つまり、『うんち』をすることは生きていることの証。そして、生き物が進化してきたことの証です」

ミエルダは満足げに何度もうなずいています。

「そのとおり。『うんち』は、生き物が食べた食物が彼らの消化管の中を通り、さまざまな反応の結果として、つくられたものだ。『うんち』は生き物にしかつくることができない」

「うんち」の役割４ヵ条

「二つめに、『うんち』の大切な役割として、その落とし主の個体情報を周囲に発信し、個体間や集団内のコミュニケーションの手段、つまり、『落とし主の分身』として使われている」

ミエルダはうなずきました。

「その際、においが重要なはたらきをもっていた。『臭いからこそのうんち』だったね」

「はい。そして、三つめに、『うんち』は落とし主が属している生物種としての情報も発信していて、『生き残り』をかけた異種間の情報戦略にも用いられていました。つまり、『種の存続』にとっても、重要な役目を果たしています」

「そのとおりだ。同じ種内の生き物のあいだだけでなく、異なる種のあいだでも有効に活用されている」

ミエルダは相槌を打って、うんち君に先を促しました。

「そして、最後の四つめとして、『うんち』は生態系における物質循環の仲介をしている。つまり、『うんち』は生き物と地球をつなぐ役割を果たしています」

ミエルダは大きくうなずきました。

1	生き物と進化の証である「うんち」
2	個体間のコミュニケーションを担う「うんち」
3	種間の情報戦略と種の存続に役立つ「うんち」
4	生態系での物質循環を担う「うんち」

図5−9　「うんち」の役割4ヵ条

「正解だ。食べ物が『いのち』を生み出し、『うんち』はその『いのち』と地球とをつなぐ重要な橋渡しをしている。わかりやすくよくまとめたね。以上の4点を、**『うんち』の役割4ヵ条**とよぶことにしよう！」（図5−9）

「うんちを知る」＝「自分を知る」

ミエルダに褒められ、うんち君はうれしくなりました。

「ありがとうございます！　僕は今回の旅を続けながら、『うんち』の役割をずっと考えてきました。だって、それは『自分を探す』ことだから……。旅の初めには、『うんち』であることに自信をもてなかったけれど、ミエルダさんと旅を続けているうちに、『うんち』のさまざまな役割を知ることができて、だんだんと自信が湧いてきたよ。体臭にだって、誇りをもてるようになってきたんだ」

うんち君の明るい笑顔に、ミエルダは帽子のつばを左手でもち上げて応えました。

「最後にあらためて、ヒトの現代社会において『うんち』がどのように扱われているかを考えておこうか。第3章では、現代のヒトはみな、『うんち』を臭くて汚い物として扱っていて、排泄後はすぐに水洗トイレで流してしまうことを見てきたね。野生動物の『うんち』は生態系の中で物質循環という重要な役割を担っていて、どの動物たちも決して、『うんち』を汚いものとは見ていない。しかし、残念ながら、ヒトの『うんち』は下水処理場へ運ばれ、生態系のサイクルに入ることがほとんどなくなりつつある」

以前のうんち君なら思わずしょんぼりしてしまいそうな話題も、今はそうではありません。「うんち」であることへの自信をのぞかせながら、うんち君はこう言いました。

「『うんち』は生き物と地球を結ぶ仲介者なのに、人間は自らの『うんち』をその流れから除外してしまったということだよね。下水処理された『うんち』は、人間社会に還元されることなく、さらに、**自然生態系**においても利用されることはないんですね」

「文明が発展する以前、狩猟・遊牧生活やそれに続く農耕・定住生活の初期段階においては、野生動物の排泄物と同様、ヒトの『うんち』もまた、生態系における食物連鎖や物質循環のなかで重要な役割を演じていたことだろう。けれど、人間社会が複雑化し、人口が都市部に集中してくると、『うんち』を介してヒトに悪影響を及ぼす病原体が伝播する可能性も高まったため、日常の暮らしから『うんち』をなるべく遠ざけるようになった。これ自体は公衆衛生上、大きな意味があることと思われる。

しかし、うんち君がまとめてくれた『うんち』の役割4ヵ条をあらためて考えると、ヒトが『うんち』を一方的に遠ざけることは、本来の生態系における物質循環からは大いに外れることになる」

「僕もそう思います。第3章で見たように、子どもが学校のトイレで『うんち』をしづらいなんて考えることは、まったく無意味なことだし、改めなければならないことが明白ですよね」

ミエルダはもう一度、大きくうなずきました。

「まったくそのとおりだ。ヒトは、世界的にも歴史的にも、口から入る『食』の文化を語り、つねに新たな料理法を考案し、より美味しい食事を追求してきた。でも、食物が消化管を通り、消化・吸収を経て、肛門から排泄される『うんち』の行方や役割については、ほとんど重視されてこなかった。むしろ、それを語ることはあまり好まれなかったように思われるんだ」

「うんち」の起源から問い返すこと

「でも――」と、うんち君は語調を強めました。

「ヒトにおいても、『うんちを排泄する』ことが『生きている証』であることに変わりはないですよね。誰もが排泄する『うんち』のありようや役割について、もっと親しみをもって考え、『うんち』に対する認識を抜本的にあらためる必要があるんじゃないでしょうか。

ヒトを含めて、すべての動物は必ず『うんち』を排泄する。においのない『うんち』なんてありえない――。ヒトにとって『うんち』とは何なのか、さまざまな世代のヒトたちが、さまざまな場面で考え、語り続けることが必要ですね。『うんち』の起源と現代のありさま、そしてこれからの行く末について考えることは、自然環境の保全を含めた、今後の人間社会の進化と発展につながるはずだと思うんです」

最後は自分の言葉を噛みしめるように語ったうんち君を励ますように、ミエルダは言いました。

「うんち君、とてもよいところに気づいたね。『うんち』を考えることは、そのまま社会の将来を考えることにつながるんだ。私たちだけじゃなくて、もっとたくさんのみんなに、『うんち』を考える旅に出てもらいたいね」

「はい、僕もそう思います」と、うんち君は力強く答えました。

宇宙時代の「うんち」との向き合い方

人類は今後、広大な宇宙空間に新たな生活の場を求めて飛び出していくことが予想されます。すでに火星への移住計画等が真剣に語られ、模索されていることはみなさんもよくご存じのことでしょう。

しかし、宇宙でヒトが生活できる時代が到来しても、呼吸に不可欠な酸素の安定的供給を考えれば、その生活空間は限られたものになるに違いありません。狭い居住空間の中で、「うんち」や「おしっこ」は、どのように扱えばよいのでしょうか？　この問題を解決するため、「うんち」に含まれる細菌や成分の研究がすでに進められています。

第2章では、ウサギなどがおこなっている「食糞」について紹介しましたが、もしかするとこの食糞がヒントになって、ヒトの排泄物を栄養素として、宇宙空間で効率よく再利用する方法が確立されるのかもしれません。

そして、地球以外の天体での生活を謳歌(おうか)できるようになるためには、人類にとって初めて直面する**宇宙生態系**における物質循環のあり方を念入りに検討する必要があり、排泄物の処理と利用が重要な課題となっていくに違いありません。

いずれにしても、これからの人類にとって「うんち」と真摯(しんし)に向き合うこと、すなわち、より深く「うんち学」を探究することは、必要不可欠な課題となるのです。

ミエルダの正体は……!?

頭上を覆っていた緑のトンネルも、そろそろ出口に近づいているようです。少しずつ視界がひらけてきたところで、ふと立ち止まったうんち君が、ミエルダに訊ねました。

「じつは、最初に会ったときから気になっていたんだけれど……、『ミエルダ』という名前には何か意味があるの？」

ミエルダは珍しく、帽子のつばを左手で軽く下げました。その表情は、少しはにかんでいるように見えます。やがて顔を上げ、にっこり笑って、いつものようにあごひげを右手で撫でながら答えました。

「じつは――、ミエルダというのは『うんち』という意味なんだよ」

うんち君は驚きのあまり、思わず一歩、後ずさりしました。

「えっ！　ミエルダさんの名前の意味も、『うんち』だったんだ……!!」

そうなのです。「ミエルダ」は、スペイン語で「うんち」という意味の言葉なのです。ともに旅をしてきた二人の名前は、じつは同じ意味をもっていたのでした。

ミエルダは、もう一度にっこり笑って、そしてうなずきました。

「私自身も、自分の名前についていろいろ考えながら、長く旅をしてきたんだ。その旅の途上で、偶然にも君に出会ったというわけだ」

うんち君も、満面の笑みを浮かべています。

「そうだったんですね。僕は、ミエルダさんに出会うことができて本当によかった。僕自身の存在の由来もわかったし、僕を必要としている世界があることも理解できた。これからは、自信をもって生きていくことができます」

「うんち君と旅をすることで、私自身も『うんち』について考えを整理することができたし、新たに掘り下げることもできたよ。そして、多くの勇気をもらった。ありがとう（グラシアス）！」

うんち君も大きくうなずきました。

「ミエルダさんとの旅は、僕にとって決して忘れることのできない、かけがえのないものになりました。本当にありがとうございました。いつかまた、ぜひお会いしましょう！」

そう言って、二人は握手を交わしました。

やがて緑のトンネルを抜けると、目の前に二手に分かれた道が現れました。ミエルダとうんち君は視線を交わし、もう一度うなずきあいました。そして、にっこり笑いあって、別々の道へと歩きだしました。

二人の後ろ姿は、旅を始めた当初に比べ、足取りもずっと軽やかになっています。しょんぼりとうつむきがちだったうんち君の背筋はしゃんと伸び、ミエルダは緑褐色の帽子の広いつばを左手で押さえて太陽を見上げています。彼らは、これからも続く旅のなかで、自らが果たすべき新しい役割や重要性を発見していくことになるのでしょう。

＊

うんち君とミエルダとともに歩んできた長い旅も、ここでいったん終着点を迎えました。

みなさんの「うんち」に対する見方は、果たしてどのように変わったでしょうか？　こんどは、みなさん自身が主人公になって、「うんちを考える旅」に出かけてみてはいかがでしょう。きっとまた、どこかで、うんち君やミエルダに出会うことができるはずです。

おわりに

「うんち」とは何か？　「うんち」の役割とはどのようなものか？

これは、「はじめに」で問いかけた疑問です。

本書をお読みくださったみなさんには、このテーマが私たちの生活に直結し、きわめて重要な課題であることを理解していただけたのではないかと思います。

じつは、私の研究分野は、野生動物の分子系統学や動物地理学です。その研究の際に、野外に落ちている野生動物の「うんち」を使って、DNA分析をおこなうことがあります。私は当初、本書のなかで、野生動物の「うんち」を使ったDNA分析の有用性や、この研究分野の最前線について語ることを考えていました。

しかし、講談社ブルーバックス編集部の倉田卓史氏と議論を重ねているうちに、もっと視野を広げ、中学生から一般の読者を対象にして、「うんち」から見た生き物のあり方や意義を語る内容にしようということになりました。

そこで本書では、新鮮な視点から「うんち」の世界を覗(のぞ)いてもらう語り部として、うんち君とミエルダにご登場願いました。彼ら二人に「うんち」を知るための旅に出てもらい、互いに交わされる会話を通して、この奥深いテーマを考えていくことにしたのです。

本書を書きはじめた当初、うんち君には素朴な質問をしてもらい、私がミエルダになって答えようと考えていました。しかし、話を進めるうちに、私自身にもわからないことがたくさん出てきました。

そのうちに、「うんち」を考えることは、「生き物」とは何か、「いのち」とは何か、人間を含めた生き物を取り巻く「環境」とは何かという一大テーマを、深く考えることではないかと感じはじめました。それ自体が、私にとって大きな発見でした。

私の職場は、大学の理学部生物科学科です。そこでは、脊椎動物、無脊椎動物、植物、海藻、微生物など、さまざまな生き物を対象として、分子、細胞、個体、集団の各レベルで、分子生物学、生化学、発生学、神経生理学、遺伝学、分類学、生態学などの基礎的な教育・研究が進められています。

私は、学生時代から現在までに学び、研究してきた生物学の知識すべてを動員して、「うんち」について考えました。しかし、「うんち」について考えれば考えるほど、生き物全般にわたるさまざまな疑問が湧いてきました。本書のタイトルになっている「うんち学」とは、生物学そのものではないか！　と考えるにいたったのです。

そこで、私の周囲でさまざまな研究に取り組んでいる専門家の方々に、いろいろな質問を投げかけました。その結果、ふだんは具体的な研究の話をしないような他分野の先生方とも、「うんち」に関する議論を深めることができました。以下の方々に深く感謝いたします(敬称略)。

天池庸介、伊澤雅子、浦口宏二、柁原宏、金子弥生、小泉逸郎、小亀一弘、酒向貴子、佐々木瑞希、辻大和、角田裕志、栃内新、中尾稔、堀口健雄、水波誠、宮崎雅雄、村上隆広。

＊

さて、みなさんは日々の生活のなかで、「うんち」をじっくり眺めることはあるでしょうか？ ペットを飼っている人であれば、それこそ毎日、「うんち」の世話をしていることでしょう。犬の散歩の際にも、飼い主の方が、道で排泄された犬の「うんち」をなんの躊躇(ちゅうちょ)もなく、手際よく袋に入れて持ち帰る光景をよく見かけます。

人間の「うんち」についてはどうでしょうか？ 育児中の方や育児を経験された方であれば、オムツを取り替える際などに、赤ちゃんの「うんち」を間近に見て、その状態をよく観察されていることと思います。我が家の子どもが乳児の頃には、私も家内と一緒に「うんち」の状態に注意しながら、オムツを取り替えた記憶があります。

でも、大人になって以降は、自分自身の「うんち」を観察する機会は、決して多くはないのではないでしょうか。

人間ドック等の健康診断において、胃や大腸の内視鏡検査を受けた経験のある方は、医師から示されたカメラの映像を通して、ご自身の消化管の内部を見たり、トイレで「うんち」に注意を払って観察した経験があるかもしれません。私にも、そのような経験があります。

そんなとき、本書で考えてきたように、「うんち」はまさに生きている証であり、ふだん「うんち」を何事もなく排泄できていることが、いかに貴重で素晴らしいことであるかを実感されたことでしょう。

このようなことを考えれば、うんち君とミエルダの会話にも出てきたように、学校のトイレで「うんち」をすることは、人間としてごく当たり前のことであり、当然の行為です。なんら恥ずかしいことではありません。

「うんち」や「おなら」をすることが恥ずかしい、という気持ちが少しでもある場合には、どうすればよいでしょうか？　学校で「うんち」をすること自体が、いじめの対象にならないようにするにはどうしたらよいでしょうか？

それは、本書のメインテーマである、「うんち」とは何か？　なぜ「うんち」ができるのか？　自然環境のなかで「うんち」がどのような役割を果たしているのか？　――このような素朴な疑問を声に出して、みんなで考えることだと思います。家庭の中で、友達どうしで、学校のクラスの中で生徒も教師も一緒になって、ときには「うんち」のことを話題にして、率直に語り合うことが重要ではないでしょうか。

単に「汚い」とか「臭い」というだけではなく、「なぜ汚いと思うのか？」「なぜ臭いのか？」をまずは自分なりに調べ、考えることが必要ではないかと思うのです。そして、それは必ず、私たちのいのちや、周囲の自然のあり方を考えることにもつながっていくはずです。

このあたりで、私の「うんち学」は、いったん終わりにしたいと思います。

最後に、毎日の生活と健康を支えてくれている家族に感謝します。

2021年9月

増田 隆一

辨野義己(2009)『見た目の若さは、腸年齢で決まる』PHPサイエンス・ワールド新書
増田隆一(2017)『哺乳類の生物地理学』東京大学出版会
増田隆一 編著(2018)『日本の食肉類　生態系の頂点に立つ哺乳類』東京大学出版会
増田隆一 編著(2020)『ヒグマ学への招待　自然と文化で考える』北海道大学出版会
光岡知足(1978)『腸内細菌の話』岩波新書
宮崎雅雄(2016)「哺乳動物の嗅覚コミュニケーション」におい・かおり環境学会誌(47: 25-33)
宮崎雅雄(2018)「ネコの糞に種や性、個体の情報を付加するケミカルシグナルの特定」Aroma research(75: 278-281)
宮田隆(2014)『分子からみた生物進化』講談社ブルーバックス
本川達雄(2015)『生物多様性』中公新書
本川達雄(2017)『ウニはすごい　バッタもすごい』中公新書
モントゴメリー・D／ビクレー・A、片岡夏実 訳(2016)『土と内臓』築地書館
山本太郎(2011)『感染症と文明』岩波新書
山本太郎(2017)『抗生物質と人間』岩波新書
山本文彦／貝沼関志 編著、左巻健男 監修(2001)『うんちとおしっこの100不思議』東京書籍
レーヴン・Pほか、R/J Biology翻訳委員会 監訳(2006、2007)『レーヴン／ジョンソン生物学〈上・下〉　原書第7版』培風館
Boehme M. *et al.* (2021) Microbiota from young mice counteracts selective age-associated behavioral deficits. Nature Aging 1: 666-676.
Lewis SJ, Heaton KW (1997) Stool form scale as a useful guide to intestinal transit time. Scand. J. Gastroenterol. 32: 920-924.
Miyazaki M. *et al.* (2018) The chemical basis of species, sex, and individual recognition using feces in the domestic cat. J. Chem. Ecol. 44: 364-373.
Saito W. *et al.* (2016) Population structure of the raccoon dog on the grounds of the Imperial Palace, Tokyo, revealed by microsatellite analysis of fecal DNA. Zool. Sci. 33: 485-490
Speakman J.R. *et al.* (2021) Surviving winter on the Qinghai-Tibetan Plateau: Pikas suppress energy demands and exploit yak feces to survive winter. Proc. Natl. Acad. Sci. USA 118 No. 30: e2100707118.
Wada-Katsumata A. *et al.* (2015) Gut bacteria mediate aggregation in the German cockroach. Proc. Natl. Acad. Sci. USA 112: 15678-15683.
Wikenros C. *et al.* (2017) Mesopredator behavioral response to olfactory signals of an apex predator. J. Ethol 35: 161-168

無腸動物門　45
無胚葉性動物　33
メッセンジャーRNA　76
免疫　80
免疫細胞　80
免疫システム　80
盲腸　106, 109

【や・ら・わ行】

ヤク　106, 171
ヤドリギ　168
葉緑体　16
卵黄　48
陸上生態系　204, 209
リパーゼ　23, 68, 100
リボ核酸　73
リボース　75
リボソーム　16, 76
リボソームRNA　77
リン脂質　73
レンサ球菌　82
渡り　159

参考文献

石井象二郎（1970）『昆虫学への招待』岩波新書
石井象二郎（1976）『ゴキブリの話』図鑑の北隆館
泉賢太郎（2021）『ウンチ化石学入門』集英社インターナショナル新書
犬塚則久（2006）『「退化」の進化学』講談社ブルーバックス
岩堀修明（2011）『図解・感覚器の進化』講談社ブルーバックス
岩堀修明（2014）『図解・内臓の進化』講談社ブルーバックス
ウォルトナー゠テーブズ・D、片岡夏実 訳（2014）『排泄物と文明』築地書館
後北峰之（2007）「虫の糞を用いた染色」繊維製品消費科学（48: 25-32.）
加藤篤（2018）『うんちはすごい』イースト新書Q
上野川修一（2013）『からだの中の外界　腸のふしぎ』講談社ブルーバックス
栗原康（1998）『共生の生態学』岩波新書
笹山雄一ほか（2004）「有鬚動物門マシコヒゲムシはどのように生きているか：その形態学的、生理学的特徴」比較生理生化学（21: 30-36）
佐藤満春、大竹真一郎 監修（2017）『恥ずかしがらずに便の話をしよう』マイナビ新書
シュレーディンガー・E、岡小天／鎮目恭夫 訳（2008）『生命とは何か』岩波文庫
鈴木孝仁 監修（2017）『視覚でとらえるフォトサイエンス　生物図録　三訂版』数研出版
須藤斎（2018）『海と陸をつなぐ進化論』講談社ブルーバックス
ソネンバーグ・J／ソネンバーグ・E、鍛原多惠子 訳（2018）『腸科学』ハヤカワ文庫
ダーウィン・C、渡辺弘之 訳（1994）『ミミズと土』平凡社ライブラリー
高畑雅一／増田隆一／北田一博（2019）『生物学 第10版』医学書院
永山升三（1988）「洗剤の今昔」化学と教育（36: 570-573）
長谷川政美（2019）『ウンチ学博士のうんちく』海鳴社
馬場悠男（2021）『「顔」の進化』講談社ブルーバックス
福岡伸一（2007）『生物と無生物のあいだ』講談社現代新書
藤田敏彦（2010）『動物の系統分類と進化』裳華房

内皮細胞 78
内部環境 188
鳴き声 141
ナメクジウオ 49
なわばり 140
軟便 102
におい 56
においのないうんち 61
におい物質 129, 130
肉食 57
肉食動物 109
二重らせん構造 75
ニッチ 155
二糖類 72
二胚葉性動物
34, 67, 111
乳化 100
乳酸菌 82
尿 29, 87, 142
尿酸 86, 88, 157
尿素 86, 88
ヌクレオチド 74
根 54
ネコ 142
熱水噴出孔 46
脳 94
農耕・定住生活 144, 173
能動的なうんち(排泄)
34, 35, 44,
110, 134, 140
のろし 172

【は行】

歯 92
排泄物 43
胚葉 33, 111
ハオリムシ 46
白血球 80
発現 76
発酵 61
発生 32
鼻 131
繁殖 18
反芻 108
反芻類 108
干潟 217
干潟生態系 216
ヒグマ 153, 203
ヒゲムシ 45
鼻腔 131
微絨毛 44, 79
微小毛 44
被食散布 166
非侵襲的サンプル 176
ビタミン 70, 77
ビフィズス菌 82
表皮 30
日和見菌 58, 82
ヒラムシ 35, 43
肥料 145, 173
ビリルビン 68, 84
ファーブル,ジャン・アンリ
151
フェロモン 136
複製 15, 17
腹痛 102
付着散布 165
物質循環 191, 193
物理的消化 97
プラナリア 35, 43
ブリストル便形状スケール
65
分解者 202, 209
分身 107, 128
糞石 41
フンチュウ 151
分類 26
ヘテロ接合型 182
ペプシン 23, 68, 99
ペプチダーゼ 100
ペプチド結合 77
ヘモグロビン 84
ペリット 109
扁形動物 35
変態 50, 161
ベントス 215
便秘 104
膀胱 89
捕食回避 162
捕食—被食の関係
94, 155
哺乳類 40, 68, 98
ホネクイハナムシ 47
焰細胞 89
ホモ・エレクトス 116
ホモ・サピエンス
116, 143
ホモ接合型 182
ホモ・ネアンデルターレンシス 116
ホヤ 48
ホルモン 136
翻訳 77

【ま行】

マイクロサテライト 182
マシコヒゲムシ 45
マリンスノー 215
マルターゼ 99
マルピーギ管 89
未消化物 71
ミトコンドリア 16
ミトコンドリアDNA 180
ミネラル 70, 77
ミミズ 35, 40, 209
無顎類 91
無菌状態 59
ムシクソハムシ 162
無脊椎動物 37
無体腔動物 36

真正細菌ドメイン 27, 60
腎臓 29, 87
真体腔動物 35, 111
浸透圧 87
浸透順応型 90
浸透調節型 88, 113
人類の進化 118
膵液 68, 99
水洗トイレ 145
膵臓 21
水中から陸上への生活場所の移行 112
水分 65
スカラベ 151
スクラーゼ 99
ステルコビリン 85
ストレス性の下痢や便秘 147
すみわけ 154
生産者 200
生殖細胞 18
生成物 22
性染色体 180, 182
生態系 190
生態系の多様性 197
生体高分子 70
生体触媒 23
生態的地位 155
生態ピラミッド 202
生得的行動 139
性フェロモン 136, 142
生物の多様性 197
生命 17
生命進化 17
脊椎動物 37, 112
セルロース 55, 71, 73
腺胃 109
前胃 108
線形動物 36
潜血検査 175
前口動物 37
善玉菌 58, 82
センチュウ 36
蠕動運動 21, 101
桑実胚期 32
草食 57
草食動物 109
相同染色体 182
総排泄腔 86
咀嚼 68
嗉嚢 112

【た行】

体腔 35
代謝 18, 20
代謝速度 52
大腸 21
大腸菌 82
対立遺伝子 182
ダーウィン, チャールズ 212
唾液 68, 98
唾液腺 21
多細胞生物 16, 28, 31
多細胞生物への進化 111
多糖類 72
タヌキ 183
食べることの進化 91, 110
タメ糞 182
単細胞生物 16, 28
胆汁 68, 84, 100
胆汁酸 100
炭水化物 70, 72, 98
炭素 195
単糖類 72
タンパク質 16, 23, 70, 71, 99
窒素 195
窒素代謝物 88
仲介者としてのうんち 190
中間宿主 158
中胚葉 33
チューブワーム 46
チョウ 50
腸管免疫系 80
腸球菌 82
腸内環境 127
腸内細菌 57, 58, 67, 80, 101, 106, 127
腸内細菌叢 120
腸内フローラ 81
直立二足歩行 114
チンパンジー 116
追跡—逃避の関係 94
デオキシリボ核酸 18, 73
デオキシリボース 75
デトリタス 216
転移RNA 76
転写 76
デンプン 73
伝令RNA 76
糖 70, 72
頭化 96, 132
同化 24
糖脂質 73
等張 90
動物 30
冬眠 51
独立栄養生物 24, 53
土壌動物 164
ドメイン 27
トランスファーRNA 76
トリプシン 23, 100
トレード・オフの関係 157

【な行】

内胚葉 33

極域生態系 198
棘皮動物 37
ギンナガゴミグモ 162
グアノ 205
口 20, 30, 34, 91
クチグロナキウサギ 106
クマ 51
クラゲ 34, 42
グリコーゲン 73
グリセリン 73
グルコース 24
下水処理 145
ケペリ 151
下痢 104
下痢便 102
原核生物 60
嫌気性細菌 81
言語 118
原口 37
原人 116
現生人類 116, 144
原腸胚期 32
後胃 108
恒温動物 41, 113
抗原 80
光合成 16, 24, 199
後口動物 37
恒常性 189
抗生物質 121
酵素 21, 22
抗体 80
鉤頭動物門 45
合胞体 45
肛門 21, 30, 34, 91, 114
肛門腺 129
ゴカイ 40, 215
ゴキブリ 135
呼吸 24, 195
古細菌ドメイン 27, 60
コドン 77
コプロライト 41
ゴルジ体 16
昆虫 50
『昆虫記』 151
根毛 54
根粒菌 54

【さ行】

細菌 60, 79
細胞 15, 20
細胞小器官 15
細胞進化の共生説 16
細胞分裂 32
細胞壁 55, 73
細胞膜 73
雑食 57
さなぎ 50
サナダムシ 44
砂嚢 112
サンゴ 42
三胚葉性動物 35, 39, 111
脂質 70, 73, 100
脂質二重層 73
自然生態系 221
シデムシ 152
刺胞 34
脂肪 23
脂肪酸 73, 130
刺胞動物 34, 42, 67
ジャコウネコ 169
ジャコウネココーヒー 169
集合フェロモン 135
終宿主 159
臭腺 85, 129
従属栄養生物 23
収束進化 19
雌雄同体 160
十二指腸 21
絨毛 78
収斂進化 19
宿主 82
種子散布 165
樹状細胞 80
受精卵 32
受動的(消極的)なうんち(排泄) 34, 35, 48, 56, 110, 216
『種の起源』 212
種の多様性 197
受容細胞 137
受容体 137
狩猟・遊牧生活 144
消化 23
消化管 20, 29, 30, 91, 189
消化管の多様化 111
消化管の粘膜組織 78
常染色体 182
小腸 21
消費者 200
小胞体 16
食性 104, 172
食性調査 177
食性の多様化 112
食道 21
触媒 23
植物 24, 53
食糞 105, 151, 224
食物粥 21, 68, 84, 98, 109
食物繊維 71, 171
食物網 199
食物連鎖 199
触角 131
進化 16, 19
真核細胞 60
真核生物ドメイン 27
腎管 89
新口動物 37

さくいん

【アルファベット】

ATP 25
Bリンパ球 80
DNA 18, 73, 75, 178
mRNA 76
PCR法 178
RNA 73, 75
rRNA 77
tRNA 76
Tリンパ球 80

【あ行】

アウストラロピテクス・アファーレンシス 116
悪玉菌 58, 82, 104
アゲハの幼虫 161
顎 92
アデノシン三リン酸 25
アミノ酸 71
アミラーゼ 23, 68, 98, 99
アルコール 130
アレル 182
アンチコドン 77
アンモニア 88
胃 21, 99
胃液 68
異化 25
生き物 12
生き物の基本的な単位 15
胃腔 33, 34, 67
イソギンチャク 34, 42
遺伝子 18
遺伝子増幅法 178
遺伝子の多様性 197
遺伝情報 18
遺伝的要因 127
ウイルス 79
内なる外部環境 189
宇宙生態系 224
うんち 13, 20, 29, 68, 90
うんち団子 151
うんちの色 84
うんちの化石 205
うんちの集積地 217
うんちの進化 91, 110, 120
うんちの製造時間 167
うんちのにおい 126
うんちの肥料化 174
うんちの物質循環 203
うんちの役割4ヵ条 220
うんちを介した食物網 202
栄養素 69
栄養体 46
栄養段階 201
エキノコックス 159
エクソサイトーシス 29, 45
エコーロケーション 141
エネルギー 21, 25
鰓 92
塩酸 68
猿人 116
エンドサイトーシス 28
黄疸 85
オオカミ 172
大きなうんち 40
オオヤマネコ 155
おしっこ 87
オタマジャクシ幼生 48
落ち葉 56
オートファジー 49
おなら 58
温水洗浄便座 119

【か行】

ガ 50
海藻 213
外胚葉 33
外部環境 188
海綿動物 32
海洋生態系 204, 213
顔 95
化学進化 16
化学的消化 98
核酸 70, 73
核膜 60
風散布 165
顎口類 92
褐虫藻 42
括約筋 115
カバ 141
噛むこと 91
環境要因 127
環形動物門 45
肝臓 21
基質 22, 71
寄生虫 57, 158
擬態 162
偽体腔動物 36
キツネ 155
キバネクロバエ 153
キモトリプシン 23, 100
嗅覚 131
旧口動物 37
嗅細胞 131
旧人 116
吸虫類 158
共進化 154
共生 42
共生微生物 109
恐竜 41

N.D.C.460　238p　18cm

ブルーバックス　B-2106

うんち学入門（がくにゅうもん）
生き物にとって「排泄物」とは何か

2021年10月20日　第1刷発行

著者　増田隆一（ますだりゅういち）
発行者　鈴木章一
発行所　株式会社講談社
〒112-8001　東京都文京区音羽2-12-21
電話　出版　03-5395-3524
販売　03-5395-4415
業務　03-5395-3615
印刷所　（本文印刷）株式会社新藤慶昌堂
（カバー表紙印刷）信毎書籍印刷株式会社
本文データ制作　ブルーバックス
製本所　株式会社国宝社

定価はカバーに表示してあります。

ISBN978－4－06－517014－4

発刊のことば

科学をあなたのポケットに

二十世紀最大の特色は、それが科学時代であるということです。科学は日に日に進歩を続け、止まるところを知りません。ひと昔前の夢物語もどんどん現実化しており、今やわれわれの生活のすべてが、科学によってゆり動かされているといっても過言ではないでしょう。

そのような背景を考えれば、学者や学生はもちろん、産業人も、セールスマンも、ジャーナリストも、家庭の主婦も、みんなが科学を知らなければ、時代の流れに逆らうことになるでしょう。

ブルーバックス発刊の意義と必然性はそこにあります。このシリーズは、読む人に科学的に物を考える習慣と、科学的に物を見る目を養っていただくことを最大の目標にしています。そのためには、単に原理や法則の解説に終始するのではなくて、政治や経済など、社会科学や人文科学にも関連させて、広い視野から問題を追究していきます。科学はむずかしいという先入観を改める表現と構成、それも類書にないブルーバックスの特色であると信じます。

一九六三年九月　　野間省一